ウサギと化学兵器

日本の毒ガス兵器
開発と戦後

いのうえせつこ
[監修]南 典男(弁護士)

花伝社

まえがき　セッコのウサギ

私は一九三九年生まれ。家族で岐阜県大垣市に住んでいた。

アジア太平洋戦争末期の一九四四年、戦時中とはいえ敵機の空襲も少なく、五歳になった私は幼稚園に通っていた。

父親が一羽のウサギを持ち帰ったのは、そんなある日のことだった。

「ほら、ウサギをもらってきたよ」

真っ白で、目がくりくりした可愛い子ウサギだった。

早速、庭の隅にウサギ小屋が作られ、ウサギは私の名前を取って「セッコのウサギ」と名付けられた。

幼稚園から帰るとウサギ小屋に直行するのが私の日課になった。

朝も、起きるとすぐにウサギに干し草を食べさせた。

ウサギは、日に日に大きくなった。

しかしある朝、いつものようにウサギ小屋に行くと、ウサギがいない。

私は、台所の母のもとに飛んで行った。

「ウサギがいない、セッコのウサギがいない！」

母は私を優しく抱き上げてこう言った。

「昨日の夜、誰かがウサギに水の付いた草を食べさせたのよ。ウサギは、水の付いた草を食べると、死んじゃうの。だから、もうウサギはいないの」

私はそれ以来、「ウサギは水のついた草を食べると死ぬのだ」と、ずっと信じていた。

同じ頃、飼っていた犬のジョンも姿を消した。

母は、「お風呂場の薪《まき》が置いてある小屋で死んでいた」と、私に告げた。

戦争が終わって半世紀以上経った頃である。

『女子挺身隊の記録』（拙著、新評論）執筆のための取材中、私は思いがけず、「セッコのウサギ」がいなくなった本当の理由を知ることになった。

女子挺身隊とは、労働力が不足した戦時下、軍需工場へ勤労動員された女性の団体を指す。一九四四年八月二三日に発令された女子勤労挺身令によって創設された。男性の徴用令が「赤紙」であるのに対して、女子挺身隊の徴用令は「白紙」であった。主な対象は一四歳から四〇歳未満の「未婚」「未就学」「無職」の女性たち。その数、約五〇万人である。

当時の私は、元女子挺身隊の女性たちを訪ねて、北は岩手県から南は沖縄、そして朝鮮半島まで、三年以上にわたって取材して歩いていた。

そのなかで、各県の一九四四年から四五年の地方新聞にも目を通した。そこで、「ウサギ」の記事を見つけたのである。

「ウサギを飼いましょう！
肉は、よい子の給食に。
毛皮は、兵隊さんの防寒服に」

私の故郷の大垣駅でも、五〇羽のウサギが飼われていたという記事が出ている。ウサギは雑食で、すぐに大きくなって、子どもをたくさん産む。だから、子どものいる家庭にはウサギが配られたというのだ。

同じく『女子挺身隊の記録』の取材では、愛知県豊川市にあった豊川海軍工廠の資料室も訪れた。

豊川海軍工廠では、全国から集められた女子挺身隊、学徒動員、徴用工など、多い時で約一万人の人たちが、二四時間体制で飛行機の部品を製造していた。中には、現在でいう小学五年生にあたる児童もいた。

敗戦間際の八月七日、豊川海軍工廠は激しい空襲を受ける。事前にアメリカ軍から空爆の予告がされていたにも拘わらず、上官の「敵の誘導に乗るな！」という命令があったために、約二五〇〇人の犠牲者が出た。その日、上官の姿はどこにも見当たらなかったといわれている。後に「日本のアウシュビッツ」と呼ばれた海軍工廠である。

この豊川海軍工廠の資料室でも、航空隊の軍服の裏にウサギの毛皮が使われている事実を目にした。

私は思わず、

「これは「セッコのウサギ」の毛皮です！」

と叫んで、資料室の案内人に怪訝な顔をされた。

その後、犬のジョンが姿を消した理由も知った。

戦争末期の一九四四年から四五年、ウサギだけではなく、犬や猫などのペットも、国の命令で供出させられていたのである。

犬献納運動である。

ウサギと同様、軍用犬を除いて野犬はもとより、ペットの犬や猫も、食糧難を理由に、強制的に供出させられた。その数、全国で約一〇万頭といわれている。

そして私は、戦時中、食糧以外にもウサギが使われていたかもしれないと知ることになる。

二〇一九年一月、友人に誘われて、『追跡・沖縄の枯れ葉剤』（高文研）の著者、ジョン・ミッチェル氏の講演会（化学兵器被害解決ネットワーク主催）に参加した。

そこでウサギの話が出たのだ。

炭鉱夫たちが炭鉱に入る時にカナリヤを籠に入れて持って行くように、現代の化学兵器開発の現場でも、保安装置としてウサギが使われているというのである。

ウサギは人より先に、いち早く化学兵器に反応する。化学物質を感知すると、あの大きな目の、瞳の部分が小さくなるのだ。

アジア太平洋戦争時、日本の陸海軍も化学兵器を作っていたのだから、ひょっとすると「セッコのウサギ」も、化学兵器の初期警報システムとして使われていたかもしれない。

講演会から帰宅後、早速『追跡・沖縄の枯れ葉剤』のページをめくった。そこには確かに、化学兵器の初期警報システムとしてウサギが使われる事例が紹介されていた。

「一九六七年七月。米国防省が朝鮮戦争での使用目的で、沖縄の知花弾薬庫に化学兵器を運び始めたのは一九五二年。それ以後、弾薬庫の装備は、塩分を含む沖縄の大気によって腐食が進んでいた。保安装置と呼ばれる唯一のものは、籠に入れたウサギであり、場所によっては、第二の動物による警報システムで補給された。つまり、放し飼いになったヤギの群れである」（一七二頁、強調は著者）

「一九七一年六月に地下弾薬庫で起きた化学兵器のもう一つの濾出事故である。…（略）…兵士たちがVXガスを収めた一トン用のコンテナの洗浄・塗装中に濾出事故は起こった。…（略）…バブルから少量のガスが容器の淵に漏れてしまいました。感知用のウサギが死に、私は筋収斂を起こしてしまいました」（一七七頁、強調は著者）

アジア太平洋戦争時の日本においても、同様にウサギが使われていたのだろうか。「セッコのウサギ」は全国にいたに違いない。

こうして私は、ウサギと化学兵器をめぐる旅に出ることにしたのである。

二〇二〇年一月

ウサギと化学兵器——日本の毒ガス兵器開発と戦後◆目次

第一章　相模海軍工廠

女子挺身隊

『女子挺身隊の記録』の取材は、相模海軍工廠の元女子挺身隊への聞き取りから始まった。横浜在住の私にとって、寒川町は近距離だったということもある。

女子挺身隊は、男子と同じく国の命令で召集されたにも拘わらず、空襲で死傷しても何の補償もされず、その記録は歴史の闇に葬り去られようとしていた。そんな彼女たちの記録を残したいという思いで著したのが、『女子挺身隊の記録』である。

相模海軍工廠で女子挺身隊として働いていたのは、神奈川県（五隊）をはじめとして、静岡県（八隊）、山梨県（五隊）などを含む全十八隊である。

このうち、私が話を聞かせてもらったのは、明美隊（山梨県）、三島隊（静岡県）、寒川隊（神奈川県）、厚木隊（神奈川県）、祝隊（山梨県）、下田第二隊（静岡県）、堀之内隊（静岡県）、御所見隊（神奈川県）に所属されていた方々である。

その他、相模海軍工廠学徒動員記録「花はつぼみの」には、女子の学徒動員として、伊東高女、県立平塚高女、甲府高女、都留高女、厚木高女、御所見高女、私立平沼高女、上溝高女、県立横浜第一高女の名前が上がっているが、当時取材が出来たのは、御所見高女だけだった。


神奈川県立第二高等女学校の県立平塚高女の卒業生を取材させていただいた際には、

「取材には応じるが、書かないで欲しい」

という条件があった。

「私は上の学校へ進学したかったのに、父親が戦死していなかった為に、毒ガス工場の相模海軍工廠へ行かされた」

というのがその理由だった。

戦争末期の一九四四年当時、本土空襲で、女子挺身隊で軍需工場へ召集されることには、「死」の覚悟が必要であった。「女子挺身隊逃れ」のために偽装結婚をしたり、軍需工場等に勤めたりしていることにしてもらっていた人たちもいたという。

そんなことを思い出しながら、拙著『女子挺身隊の記録』を読み返してみた。

この本は、「どのようにして動員されたのか」、「動員先で、どんな生活を送ったのか」という二つが大きなテーマだった。

だから、もちろん当時は、毒ガス工場である相模海軍工廠にウサギが飼われていたかどうかなど考えもしなかった。

でも、もしウサギが飼われていたら、きっと彼女達の口からは可愛いウサギの話が飛び出したに違いないと、ゆっくりページをめくったが、やはり毒ガスの実験にウサギが使われていたことが語られた個所は見当たらなかった。

私が聞き漏らしたのか。とにかくウサギは出て来ない。


毒ガス製造に深く従事していたと思われる、徴用工の人たちについての記述はあった。

地元の寒川町の、寒川女子挺身隊隊長だった大沢なかさんの話の中では、毒ガスのイペリットを作らされていた少年工の様子が語られている。

寒川町の人たちは相模海軍工廠について、「あまりいいイメージは持っていなかった」としながらも、

「でも、心に残って、忘れられないこともあります」

と、次のように語っている。

「それは、第二工場でイペリットを作らされていた徴用工の人たちです。大人はみんな兵隊に行っちゃったので、未成年の人たちなんですよ。

同じ棟の半分を私たち（寒川隊）が使っていたので、食堂に行くときに見えるんですよ。その工場の前を通る時には、硫黄のような臭いがして、息をしないように通っていました。毒ガスを作っていたのですよね。目は真っ赤でしょぼしょぼ。顔は赤紫で、手足がただれて……。ときどき、外で、咳き込んで苦しそうにしていました。あの人たちはどうしていらっしゃるのでしょうね」

イペリットは毒ガスの一種で、第一次世界大戦ドイツ軍がベルギーのイーブルでフランス軍に使用した。結果、中毒者は一万五〇〇〇人、死者は五〇〇〇人にのぼったといわれている。

無色透明だが、マスタードの臭いがすることからマスタードガスとも呼ばれている。微量でも触れると、皮膚や粘膜、内臓にただれを起こす化学兵器である。

現在はワインで有名な山梨県勝沼町。当時は東八代郡祝村であったこの地域からの挺身隊、元山梨県祝村女子挺身隊の人たちも、こう語る。

「第二工場にトラックを走らせる線路が敷いてあって、そこには行ってはいけないと言われていたのだけれど、怖いもの見たさで行ったのよね。そしたら、そこに草の露を浴びたような人がいて、水ぶくれになっていたね」

「ほら、徴用工の人たちがいて、あの人たちかわいそうだったわね。顔がすごいの。土気色をしていて。ネズミ色を濃くしたような顔色だったわね。群馬県の妻恋村から来た人もいた」

敗戦後、彼女達の中には、徴用工の人たちから手紙をもらった人もいた。

学徒動員によって相模海軍工廠で働いた人たちも、毒ガスの製造に何らかの形で従事している。御所見高等女学校からの学徒動員で働いた女性は、徴用工の人たちが使う「防毒衣」の検査の仕事をしていた。

イペリットを扱うことに危険を感じなかったかという私の質問に、

「大丈夫。チャンバーの中に手を入れて作業するだけだから」

と答えながら、

「それより、第二工場で働いていた徴用工の人たち、はじめは『日向ぼっこしていていいなあ』と思ったのですが、イペリットを扱う仕事で直接塩素を吸うからか、コンコン咳をして、顔色も陽にやけたように黒くなって、かわいそうだったよね」

「私たちの弟ぐらいの十四、五歳の少年たちよね。毎朝、大きな声で歌を歌いながら元気に通っていた少年たちが、三か月、六か月経つと数も減り、目も赤く充血し、苦しそうにせき込んで、作業衣もボロボロになり、さらし粉の臭いがしたわね。

私も運動神経ゼロなので、実験室で活性炭の中に毒ガスを通す作業中、チャンバーの中に塩素や濃硫酸などが流出して、作業着がボロボロになったこともある」

と回想した。

女子挺身隊や学徒動員の人たちのいずれも、第二工場でイペリットを作らされていた徴用工の少年たちが、相模海軍工廠で働いているうちに「顔色が赤黒くなり、咳をして、体がボロボロになって行く」様子を記憶にとどめている。

だが、イペリットの実験に使われたはずであるウサギの話は出て来ない。

ウサギが使われていた！

二〇一九年三月。私はJR東海道線を下って、茅ヶ崎駅で相模鉄道に乗り換えた。三〇年前にも、私はたびたびこの相模鉄道に乗って、神奈川県寒川町へ取材に訪れている。女子挺身隊についての取材のためであった。

だが今回の寒川町での取材の目的は、旧海軍唯一の毒ガス工場であった相模海軍工廠で、「セッコのウサギ」が使われていたのか知ることである。

実は今回寒川町に来る前、化学兵器研究のフリージャーナリストであり、相模海軍工廠跡地の寒川町イペリット被害者の救済をされていた北宏一朗氏（二〇一九年六月に病死）とお話しする機会があった。

北さんに、

「相模海軍工場でも、毒ガスの実験にウサギを使っていたのかしら」

とたずねたら、

「もちろん。動物の慰霊塔もあるくらいだから、ウサギも使われていたよ」

と返答いただいたものの、実は半信半疑だった。

前述の通り、かつて取材した元相模海軍工廠女子挺身隊の方々の誰からも、ウサギの話は聞かなかったからだ。


久しぶりに訪れた寒川駅の周辺は、以前の田舎町の雰囲気から、首都圏への通勤圏内の町へと、すっかり変貌していた。駅の周辺に不動産屋の店ののぼりが数多くはためいて、それを証明していた。

寒川町は、神奈川県高座郡に位置する小さな町で、一九四五年八月までは人口が五、六〇〇〇人の小さな町だったのが、敗戦後の一九四七年には人口一万人を超えて、現在の人口は、五万人近くになっている。


一九八五年三月、寒川町の歴史が編纂された『寒川町史研究』（寒川町史編集委員会編、寒川文書館蔵）の第一号が発行されている。

以前も私は、この『寒川町史研究』の相模海軍工廠の女子挺身隊について書かれた記事を参考にして、取材を始めたのである。

今回も、『寒川町史研究』の中に「ウサギと化学兵器」についての記述はないかと、寒川町文書館を訪れた。


寒川駅から歩いて五分もかからぬ場所に、近代的な建物である寒川図書館の四階に寒川文書館はある。

私は拙著『女子挺身隊の記録』を持って、その節は世話になったと御礼を述べ、ウサギについての記録を探しに来たと告げた。

高木館長が親切に、私を『寒川町史研究』が並べてある棚のところに案内して、

「ウサギですね。ほら、ここに書いてありますよ」

と、『寒川町史研究（第六号）特集・相模海軍工廠』（一九九三年三月三一日発行）を見せて下さった。そこには、「技術士官の体験から」と題した、聞き書きの文章が掲載されていた。語り手は、高橋市太郎氏である（聞き手は現文書館館長の高木秀彰氏）。

高橋氏は、一九〇七年生まれ。東京薬学専門学校卒業後、陸軍幹部生として薬剤官となるが、一九三七年に海軍に移る。その後神奈川県平塚市にあった技術研究所化学研究

部に勤務。一九四二年、寒川町に相模海軍工廠が設置されたのに伴い異動。一九四五年二月に豊川海軍工廠（愛知県）に異動するまで、同海軍工廠で勤務した。

この聞き書きの中で、高橋氏は、

「たとえば、イペリットとかそういうものがありますね。それがどのくらい効力があるのかを動物を使って、実験するんです。屋外の大きな実験は、茨城の鹿島や、広島県呉の沖合にある亀ケ首（安芸郡倉橋町）で行いました。

亀ケ首には廃艦がたくさんありますから、それを一キロほどの沖合に置き、そこに動物を置いて、主砲で毒ガスの弾をぶっ放すわけです。それで動物がどの程度に死ぬかを確かめたり、解剖したりするのです」

と、語っている。

そして、実験に使った動物はどのようなものかという問いかけに対しては、

「マウスとか、ジュウシマツ。ジュウシマツは敏感ですからね。あとは、ウサギですね」

やはりウサギが使われていたのだ。

しかも、化学兵器の感知器としてだけではなく、毒ガスの実験にも使用されていたようだ。

また、旧陸軍と旧海軍の関係性については、

「海軍の体質というか、いつも陸軍と張り合っていましたね。毒ガスにしても、陸軍は陸軍化学研究所で先に研究していたとあります」

ということは、旧陸軍が化学兵器を造っていた大久野島（広島県）においても、同様にウサギが使われていたのかもしれない。

こうなれば、実際に大久野島に行くしかない！　と思った。

相模海軍工廠

相模海軍工廠におけるイペリットについての研究や作業はどのようなものだったのだろうか。一九八四年発行の『相模海軍工廠——追想』（相模海軍工廠刊行会）の中で、「化学兵器実験」と題して、出町卓氏（四科・上田）が次のように挙げている。

ルイサイト系毒性化合物の合成
イペリットの不純物の六塩化エタン発煙筒
ナトリュム煙弾
イペリットの粘度上昇
イペリットの航空機よりの散布実験
イペリット爆弾の爆発実験

この中で、動物を使っての実験について書かれているのは、「イペリットの航空機よりの散布実験」と「イペリット爆弾の爆発実験」だけである。

これは前述した『寒川町史研究（第六号）』に出ていた技術士官の高橋市太郎氏の話を裏付けるものであり、他にも、高橋氏が実験場としてあげた、茨城の鹿島実験場なども出て来る。

この『相模海軍工廠――追想』では、初代廠長の金子吉忠氏が、「序に代えて」と題して一九八四年に書いた文章の中で、次のように述べている。

「…（略）…私は、今後の日本は、…（略）…多数の技術者で組織した技術廠を持ち、これを通して優れた民間企業や製造能力を、最大限に活用し、高性能な装備を創り得るように進めるがいいと考える」

「戦争は技術を進歩させる」という言葉があるが、徴用工の人たちに多大な健康被害を与えたことについて、一言でも「すまなかった」という言葉が欲しいと思った。たとえ戦時中とはいえ、黙って済まされる問題ではないはずだ。

『女子挺身隊の記録』執筆時、女子挺身隊の方たちの「あの徴用工の人たちはどうなっているのだろうか」という言葉をきっかけに、神奈川県の相模湖の付近から相模海軍工廠へ徴用されていた方たちに会いに出かけたことを思い出した。

敗戦（一九四五年）から半世紀以上が経ち、彼等はみな六〇歳以上だったが、「国に被害補償を求めているが、なかなかはかどらなくて」という言葉が、今も耳に残っている。

「徴用工」の人たち

寒川文書館に相模海軍で働いていた徴用工の人に関する資料がないか探すと、『寒川町史研究（第八号）特集・相模海軍工廠Ⅱ』に「相模海軍工廠の徴用工と毒ガス兵器——河中修厂氏聞き書き」があった。

河中氏は一九二四年、福井県武生市生まれ。相模海軍工廠へ徴用工として入所したのは、一九四四年六月のことだった。敗戦で除隊になり、故郷に帰って、家業の大工仕事を手伝うが、

「月に四、五回は高熱が出て、満足に仕事ができなかった」

「一九八八年に福井県の赤十字病院へ入院するが、それ以後、入退院を繰り返している。病名は、慢性細気管支炎、気管支炎となっているが、この症状が発生したのは、相模海軍工廠の徴用工時代から継続的に続いている」

この後遺症ともいえるような症状については、『寒川町史研究（第六号）』において、「イペリットによる傷害の中で、急性期に起こる、粘膜のビラン、喀血等に悩まされ

ていた徴用工の人たちの、或いは急性期の症状は、あまり目立たなかったが、濃度のイペリットガスに曝露された方々の間で、その後の健康傷害に悩んでおられる方、特に呼吸器の癌で亡くなった方がいないことを願っている」と、アメリカの医科大学の鈴木康之教授談が紹介している。

河中氏は、イペリットの原液を吸い込んで実際に亡くなった人たちもいたと語っている。

「肺の中に毒ガスがはまり込んで窒息死ですかね。そういう人たちも僕らがいたしばらくの間に、二、三人いました。要領の悪い人は肺をすぐにやられてしまって。症状は肺病と一緒ですね。せき込んで、息苦しい。それで、痰がたまるでしょう。痰が吐けない」

一九九二年、河中氏は四七年ぶりに寒川町を訪れている。

「旧日本陸軍の毒ガス製造従事者が補償されると新聞で読んで、僕も相模海軍工廠で働いていた時にかかった毒ガスの後遺症を補償してもらえるのではないかと思い、その証明手続きが必要だったので」

しかし「日数が足りなくて、審査は通らなかった」という。

今回私は、この一連の経緯を、『旧相模海軍工廠：ガス障害者証言集』（旧相模海軍工廠毒ガス障碍者の会編、神奈川県衛生部保健予防課）で知った。この証言集から、旧海軍と毒ガスの歴史をたどってみたい。

旧海軍と毒ガス

一九二五年のジュネーブの国際会議で化学兵器の使用が禁止され、日本も署名していたことから、相模海軍工廠では、催涙剤を「一号特薬」、クシャミ剤を「二号特薬」、イペリットを「三号特薬甲」、ルイサイトを「三号特薬乙」、青酸を「四号特薬」と呼んで製造していた。

旧海軍では、ガス弾が艦内で炸裂した場合の対策として、一九二一年から毒ガス研究が始まった。

特殊化学兵器研究の基礎が固まったのは、その二年後である。
そして一九三〇年、海軍技術研究所（技研）は、神奈川県平塚市の平塚火薬廠地の一部を譲り受けて、平塚出張所を開設。一九三一年にアジア太平洋戦争が始まった後、一九四二年に寒川町の昭和産業一宮工場の土地建物を買収して、相模海軍工廠の建物を建設している。

相模海軍工廠の建物は、次のような役割で分かれている。

第一工場　猛毒ガスのイペリット製造
第二工場　イペリットを容器に詰める作業
第三工場　容器に詰められたイペリットと火薬を組み合わせて爆弾に仕上げる作業

第二工場で「イペリットの充鎮作業」をさせられていた徴用工の人たちの証言は、次の通り。
「宇宙服のようなものを着ることを教えてくれた人も、その他の人も、たえず咳していていて、苦しそうに見えた。仕事を始めた次の日あたりから、何か体が変だ。目やのどがヒリヒリして、咳も出るようになった。先輩たちに聞くと、この工場には、気化したガスが充満している。それを吸い込んでいるからだと教えてくれた。先輩たちは、みんな目は赤く呼吸も苦しそうだった。「君らもすぐこのようになる」と言われた」（四一頁）

「イペリットを詰めている人が、ハンドル操作を誤って、容器からイペリットが漏れて大変なことになってしまった。容量をはかる秤の中まで入ってしまった。みんなが直に手伝った。ぼろ布でふき取り、晒し粉で除毒が終わるまで、三十分もかかった」（四二頁）

「夏になると、先輩たちは、みんないなくなり、後輩の自分たちが中心になって、全体の仕事をするようになった」（四二頁）

このように、多くの徴用工の人たちが体を壊したのである。

戦後、相模海軍工廠の毒ガス障碍者に「特別手当」と「医療手当」が支給されるようになったのは、敗戦から五五年が経過してからであった。

旧相模海軍工廠で働いていた人たちは旧相模海軍工廠毒ガス障碍者の会（会長・山口

千三氏）を発足。

一九八八年五月、同会が、神奈川県に旧相模海軍工廠毒ガス障碍者援護要請書を提出。

一九九〇年一〇月、神奈川県が大蔵省・厚生省に対して、旧海軍相模海軍工廠の従事者にもガスの人体被曝があり、呼吸器及び皮膚の行為障害が認められることを示した、旧相模海軍工廠ガス障碍者救済検討委員会の報告書を公表。

これを受けて大蔵省は、「ガス障碍者救済のための特別措置要綱」を「旧海軍相海軍工廠のガス障碍者に救済措置を適応」に、厚生省も「毒ガス障害者に対する救済措置要綱」を「旧相模海軍工廠のガス障碍者に救済措置を適応」に、それぞれ改正した。

そして一九八九年五月、厚生省はようやく「民間人の毒ガス障害にも、大蔵省管轄のガス障碍者の認定患者と同様のガスによる健康被害が認められる」とした、毒ガス障害者対策検討委員会の報告書を公表する。あまりにも遅い救済であった。

毒ガス障害者として認められたのは、旧相模海軍工廠毒ガス障害者の一〇一名の会員のうち、六三名。彼らは、旧陸軍の毒ガス工場で従事させられていた人たちと同じく救済措置を受けることができるようになった。

六三名のうち、元勤労学徒・女子挺身隊等は、合計八名。出身地の内訳は、神奈川県、東京都、山梨県である。

朝日新聞（二〇〇〇年二月二〇日付）は、「旧日本軍毒ガス工場で健康被害　民間人の救済拡大」の見出しで、厚生省が二〇〇一年度から補償を行うことを報じた。

火薬廠の街・平塚

私は、『女子挺身隊の記録』の取材（一九九六年～九八年）でお会いした元女子挺身隊の女性たちに対して、彼女たち自身の毒ガス障害について聞くことはなかった。また、彼女たちからもそうした話を聞くことはなかった。

多分、私の中に、「毒ガス障害者」といえば徴用工の人たちという思い込みがあったのだと思う。あるいは単純に、「女子挺身隊の集い」への参加者の中に、毒ガス障害者の方が参加されていなかったのかもしれない。

一方、『旧相模海軍工廠：ガス障碍者証言集』を読んでわかったことがある。元女子挺身隊の彼女たちからウサギの話が出なかった理由だ。

毒ガスの「製造」は、寒川の相模海軍工廠で行われたが、その「実験」は、平塚市にある海軍技術研究所の出張所で行われていたのである。

早速、平塚市に出かけた。

『女子挺身隊の記録』第一章に、「火薬廠の街・平塚」が出てくる。その中でも、学徒勤労報告隊の動員先に、「第二海軍火薬廠」「日華航空機株式会社」と並んで、「相模海軍工廠化学実験部と十三工場」が出てきていたことを、すっかり見落としていた。

横浜に住む私たちにとって、平塚市は「七夕の平塚」として有名な街であるが、アジア太平洋戦争の敗戦までは、旧海軍の「火薬廠の街」として知られていた。

明治以来、日本海軍はイギリスから火薬を輸入していたが、日露戦争（一九〇四年～五年）で火薬製造の必要性が高まったことで、平塚（当時は寒村）に火薬製造工場が建設されたのだ。そして、一九〇八年一二月には、海軍待望の艦砲用火薬の製造も始まった。

その後、平塚市には相模紡績や関東紡績などの工場も進出。大正時代になると、一大工業都市となっていた。

「火薬廠の街・平塚」の節では、荒川さんと飯田さんに聞き取りを行っている。二人とも、火薬廠で女子挺身隊として働いていた。しかし、医務部にいた彼女たちから、同じ敷地内にあったであろう相模海軍工廠化学実験部や、そこでの動物実験について話を聞くことはなかった。

敗戦の一九四五年になると、本土空襲が始まった。飯田さんは、

「春頃だったと思いますが、米軍の艦載機による機銃掃射で列車が狙われて、何十人という怪我人が海軍病院に運び込まれて来て、私たちの医務部の者も、軍医さんはもちろんのこと、火薬廠の兵隊さんまで応援にかけつけ、その様子たるや、もう見ていられないほどでした」

と振り返っている。

荒川さんも、

「艦載機が一番恐ろしかった」

本土空襲は、三月一〇日の東京大空襲に始まり、次いで大阪、神戸、名古屋が攻撃さ

れ、四月になると、再び東京や川崎市が焼夷弾で徹底的に焼かれた。爆撃は六月も続き、六月末から八月一四日までに、全国五五の地方都市が空襲された。

この六月から八月までの間、五か所の陸海軍工廠が八回にわたって空襲を受けている。平塚の第二海軍火薬廠も、同様に爆撃を受けている。

七月一六日、夜一〇時一六分から翌朝二時一七分にかけて、平塚市、中郡、高座郡、小田原市がB29による爆撃機攻撃を受けた。

平塚市の空襲による被害としては、旧平塚市域の全戸の七〇パーセントにあたる七六七八戸が焼失。死者は二三七名、負傷者は三六八名にものぼった。死傷者の多くは、焼夷弾の直撃や火沫、機関掃射による被害者である。

被災人口は三万一〇〇〇人、戦災面積は二一四ヘクタール。軍事施設の被害は、第二海軍火薬廠、横須賀海軍工廠造機部平塚分工場、第二海軍航空廠補給部平塚工場などである。

旧海軍技術研究所も、おそらく同様の被害に遭っていたと思われた。

相模海軍工廠跡の不審物

私は、平塚市中央図書館の裏手にある市史編さん室へ出向いた。

そこで、平塚火薬廠で働いていた人たちが作成したという地図を見ることができた。

並んでいるのは、火薬廠の総務、第一工場から第七工場までの製図工場、研究部、会計部、医務部、病院、工員養成所等の文字ばかり。火薬廠の見取り図である。

しかし、目を皿のようにして探しても、「化学実験場」の文字は見つからない。

諦めて、地図を折りたたんで返却しようとした時である。

右側下方に「相模海軍工廠」の文字を見つけた。

思わず、

「ありました。ここに相模海軍工廠と書かれています」

と、叫んだ。

平塚市史編さん長の熊沢氏が、

「ああ、本当ですね」

と答えてくれた。

「この辺は、現在のどの辺にあたりますか」

「現在の平塚市の地図で見ると、相模海軍工廠化学実験場があったところは、いまの西八幡一丁目辺りですね」

「美術館が建っているところですか」

「いや、現在は平塚市役所の公用車駐車場になっているところだと思います。確か、国有地だったと思いますが、平塚市が払い下げてもらったんじゃないですか」

熊沢氏が続けた言葉に、私は心が跳ねる思いがした。

「平塚市西八幡一―六に建設している第二合同庁舎現場では、二〇〇四年四月三日に不審物（ガラス瓶）が発見されています。その周辺の土壌分析の結果についてなどの、地域住民への説明会のお知らせの記録が残っています」

私は迷わず、

「その記録を見せて下さい。できれば、記録のコピーもお願いしたいのですが」

とお願いした。

帰宅後、「平塚第二合同庁舎工事現場の危険物会開催（五月一日）のお知らせ」を読んでみると、次のようなことが書かれていた。

「国土交通省関東地方整備局横浜営繕事務所発注の平沼第二合同庁舎建設現場においてボーリング作業中に不審な瓶が発見されるとともに、作業員の方三名が頭痛等を訴え病院に搬送される事態が発生し、その後、発見された瓶の内容物や工事現場の土壌分析の結果、土壌から、微量のマスタード（びらん剤）や環境基準を超えるヒ素が検出されました」

発見された不審物は、「球状の瓶三個、広口瓶一個」であり、分析の結果、①硫酸水溶液、グラスウール等（化学剤関連物質は検出せず）、②工事現場の土壌、③微量のマスタード、くしゃみ剤関連化合物・ヒ素が検出されたという。

続けて、「平成十五年九月十九日実施の追加試掘による発見物」では、ガラス瓶七個、「平成十五年十二月十九日の掘削による発見物」では、球状のガラス瓶三個がそれぞれ発見されている。

それにしても、なぜ土中から発見されたのだろうか。

七月の梅雨空の下、今度は平塚博物館へ出かけた。

そこで、学芸員の早田氏が、

「七月一六日の平塚空襲では、火薬廠などの軍事施設は爆撃されなかったようですよ。これは、米軍の資料ですが」

と、一枚のコピーを下さった。

『市民が探る平塚空襲――六五年目の検証』（平塚博物館編、平塚博物館蔵）の「Ⅱ資料にみる米軍の作戦計画」に、「中小都市空襲で投弾量の多かった都市」として平塚があげられている。一九四五年七月一六日の平塚は人口五万人、投弾量は一四万七七一六本とされている。

早田氏は、

「これは、米軍側の作戦任務報告書からの資料なので、実際の被害とは違っている点もあると思いますよ」

とおっしゃったが、二〇〇四年に相模海軍工廠化学実験場跡から「不審物」が発見されたことには間違いない。

今度は、当時不審物発見から解決までを記事にされていた神奈川新聞の佐藤報道部長にお会いした。

「工事をしていた三名は、東海大学第二病院に搬送された後どうなったのですか」

「いや、二〇〇二年に寒川でも事故があったでしょ。だから工事をする人たちも神経質になっていて、工事も手で掘るなど慎重にしていたところ、ガラス瓶が出てきたものですから、びっくりして搬送になったんですよ」

「大丈夫だったんでしょうか」

「診断は、過呼吸ということだったそうです」

ここで、寒川で起こった事件について書いておきたい。

二〇〇二年九月二六日、神奈川県寒川町で、国土交通省が発注したさがみ縦貫道一宮高架下部工事の作業中に「不審なビール瓶」が発見され、作業員六名が搬送、少なくとも五名が入院するに至った。場所は、相模海軍工廠跡の碑が建つ寒川二ノ宮六丁目であった。

作業員たちは濾出した液体に直接触れたわけではないが、着ていた作業着の隙間から

「ガス化した化学物質」が入り込み、結果、尻、胸、背中、足の甲などの露出していない部分にも発疹、水ぶくれができていた。

作業員の症状について、相模海軍工廠跡毒ガス障害者検討委員だった大城戸宗男氏（東海大名誉教授）は、神奈川新聞の取材に、「（毒ガスの）イペリットの症状にほぼ一致する」と答えている（神奈川新聞、二〇〇二年年一一月三日付）。

その後、被害を受けた一名が死亡。その他の人たちは労災で処理されている。

佐藤記者に、連合軍の視察を恐れた旧日本海軍・陸軍が、敗戦後に化学兵器を隠蔽したことを教えていただいた。相模海軍工廠では相模湾や相模川に廃棄したとされているが、二〇〇四年の事件で、土中に埋蔵したケースもあると発覚したわけだ。化学兵器は六〇年近くの年月を経て、私たちの目に触れることになったのである。

佐藤記者は、

「結局、平塚の事件は〝課題を残した収束〟をしたのですよ」

とおっしゃった。

環境省はその後、平塚の相模海軍工廠実験部跡付近の井戸水からも有機ヒ素化合物が検出されたと発表した。平塚市は、周辺の市民に「井戸水を飲料水として使用しないように」と周知した（神奈川新聞、二〇〇四年七月六日付）。

私は、寒川文書館をもう一度訪れた。

平塚火薬廠内の相模海軍工廠についての資料を探していると話すと、『旧相模海軍工廠：ガス障碍者証言集』の中に、「相模海軍工廠平塚工場敷地配布図」があると言われた。

早速、「総敷地面積124000㎡」と書かれた見取図を見ると、第一危険薬品庫、第七危険薬品庫、第三危険薬品庫、第四危険薬品庫などの文字が並んでいる。

地図には、第一研究場を中心にして第一六研究場までの研究場と、応用実験場や基礎実験場などの建物がある。

よく見ると、外部とつながる自転車置き場から見張所の近く、第四危険薬品棟や第五危険薬品棟の近くに「第一動物舎」と「第二動物舎」の文字があるではないか。ようやくウサギに辿り着くことができた。

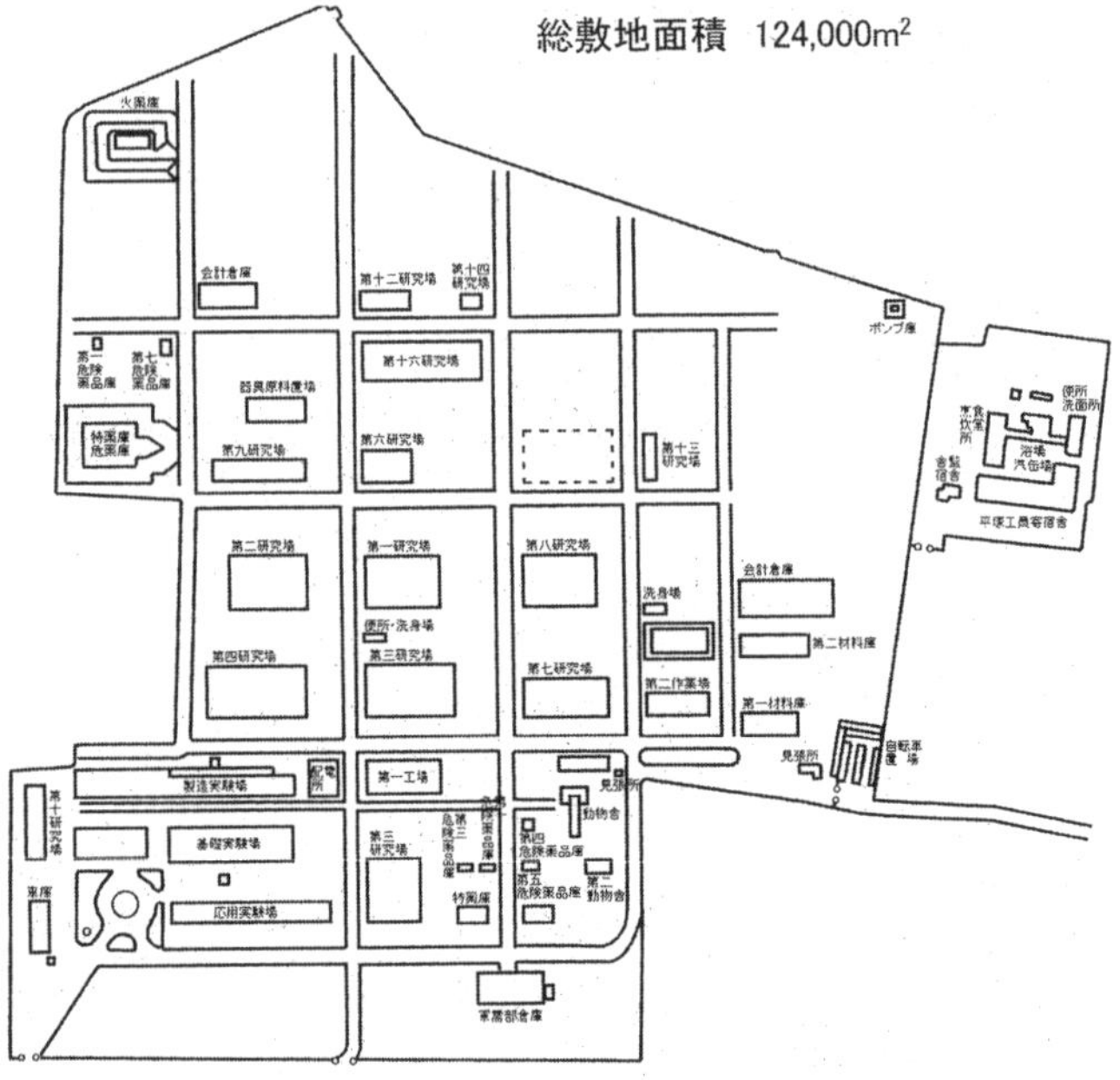

相模海軍工廠平塚工場建物配置図

帰宅後、平塚博物館が二〇〇一年に出した『ガイドブック18　平塚の戦争遺跡』（平塚博物館編、平塚博物館蔵）を読むと、相模海軍工廠の技術研究所化学研究部第二科で小動物を飼育、実験していたことが書かれていた。その小動物とは、「十姉妹《じゅうしまつ》、ウサギ、モルモットなど」であると。これらの小動物がどのように使われていたのかについては書かれていない。

「動物慰霊塔」

寒川の文書館で紹介された文献の一つに、『平塚の石仏（改訂版）』（平塚博物館編、平塚博物館蔵）がある。そこに「犠牲動物慰霊塔」についての記載があった。場所は、平塚の花水川近くにある真言宗「蓮光寺」（榎木分離町）である。

蓮光寺に電話をすると、先代の住職夫人が案内をして下さるとのことで、早速出かけた。

「戦争中に道路をつくるからと、境内にあった墓地とお寺が分離しちゃったんですよ。私がお嫁に来る前の話ですけれど」

話し好きらしく気さくな女性である。彼女の実家は高野山にあるお寺らしい。

「戦時中、海軍に接収されて、私の家族はお山（高野山）を下りて、ふもとの知り合いのお寺に疎開したのですよ。私は戦争が終わってから生まれたんですが、兄や姉から何度も聞かされましたから」

お寺から道一本離れた場所にある墓地は、相当に広い。

夫人の後をついて行くと、「南無阿弥陀仏」と書かれた慰霊碑の横、一段下に、確かに「犠牲動物慰霊塔」と彫られた高さ一六五センチ、幅四二センチの細長い石碑が建っている。石碑の裏側には、「海軍技術研究所有志」と彫られている。

蓮光寺にある「動物慰霊碑」

参拝者なのか、その石碑の前にはしゃがんで手を合わせる女性の姿が。

「いま、ペットブームでしょう。動物慰霊碑と書かれているので、ああやって参拝していく方もいらっしゃるんですよ。

隣の南無阿弥陀仏と書かれた慰霊碑は、真言宗なのにおかしいと思われるでしょう。聞くところによると、こちらの慰霊碑は人間のためのものなんですよね。戦後、引き取り手がいないからと、先々代の住職、亡くなった主人の父親ですが、その方が戦争で犠牲になった方の碑を、宗派は違うけれど引き取ったので、ここにあるんですよ。

人間と動物を同じ高さはいけないから

と、動物慰霊塔の台座は一段低くなっています」

夫人はこんな話もされた。

「寺の境内に古い井戸があるんですが、毎月保健所の方が来て、検査されているんですよ。家には水道も通っているので、別に何ということはないのですが」

彼女に誘われて、お寺の待合室のようなお部屋で、お茶とお菓子を頂いたが、来客も多そうなのでタクシーを呼んでいただいて、お寺を後にする。

第二章　大久野島・毒ガス工場

大久野島の歴史

広島県大久野島の毒ガス製造の歴史は、日本の毒ガス製造の歴史に重なる。

大久野島のことをもっと知りたいと、毒ガス歴史研究所事務局長の山内正之氏にお電話すると、

「存命の当事者は九〇歳代で非常に高齢なので、まず『地図から消された島——大久野島毒ガス工場』（武田英子、ドメス出版）と『一人ひとりの大久野島——毒ガス工場からの証言』（行武正刀、ドメス出版）を読んでみてはどうですか。広島に来られるなら、広島県文書館と広島県立図書館にも資料がありますよ」

と言われた。

『寒川町史研究（第一〇号）』にも、「広島県大久野島の陸軍毒ガス製造の過去と現在」と題した村上初一氏への聞き書きがあったが、まずは山内氏推薦の本を参考にしながら、大久野島の歴史を追ってみたい。

次の年表からは、一九二七年に旧陸軍が大久野島に毒ガス製造工場を建設してから敗戦を迎えるまでの一八年間にわたって、大久野島が毒ガス製造の島として存在したことがわかる。

一九〇〇年	広島県忠海町に塞司令部が冠埼砲台を設置
一九〇一年	大久野島に砲台を設置
一九〇四年―一九〇五年	日露戦争
一九〇四年―一九一八年	第一次世界大戦　ドイツ軍がベルギーのイーブルで初めてフランス軍に毒ガス兵器（塩素ガス）を使用する（「イーブルの暗黒日」）。一万五〇〇〇人の中毒者、五〇〇〇人が死亡。以後、各国で毒ガスの開発が激しくなる。
一九一八年	「シベリア出兵」（「臨時極瓦斯調査会」設置）　シベリア出兵を期に、日本陸軍が毒ガス研究を開始
一九一九年	パリ平和会議　ベルサイユ条約において戦争での毒ガス使用を禁止、日本を含む四九か国が参加
一九一四年	陸軍科学研究所（第六技術研究所）設置　芸予要塞司令部廃止、跡地に広島陸軍兵器支廠忠海兵器庫を設置
一九二五年	ジュネーブ会議　ジュネーブ議定書において、窒息性、有毒性又は同種類のガス及び細菌学的方法を戦争に使用することを禁止（日本は調印のみ、批准せず）
一九二七年	陸軍造兵廠火工廠忠海出張所開設　大久野島への工場建設始まる
一九二九年	世界大恐慌　大久野島に陸軍造兵廠火口廠忠海兵器製造所が開所（五月一九日） 仏式イペリットを日産１００キロ、塩化アセトフエノン発煙筒を日産１００キロ製造
一九三〇年	台湾の住民暴動「霧社事件」において、日本軍が初めて毒ガスを使用 大久野島ではサイローム（青酸殺虫剤）製造開始
一九三一年	満州事変

一九三二年	大久野島の工場拡張。ルイサイトを日産1トン、イペリットを日産100トン、仏式イペリットを日産3トン製造
一九三〇年―一九四五年	旧海軍が海軍科学研究所を設置。その後、一九四二年に神奈川県寒川町で毒ガスの製造を始める。
一九三六年	二・二六事件 陸軍習志野学校、毒ガスを準備
一九三六年―一九四五年	関東軍防疫給水部本部（通称号：満州第七三一部隊*）新設を決定 *石井四郎をトップに中国のハルピンで細菌戦、人体実験などを行った。約三〇〇〇人の中国人やロシア人捕虜が「マルタ」と称され、人体実験の被害者となった。敗戦後は、石井四郎をはじめとする中枢人物は、実験資料を米国に提供することで戦犯を逃れた。また、同部隊に所属した研究者の多くが、戦後、各大学の医学部、薬学部、獣医学部、農学部や製薬会社などに所属・勤務した。
一九三七年	盧溝橋事件 日中戦争開始、中国で毒ガス使用
一九三九年	陸軍科学研究所出張所として、川崎市に登戸研究所が創設
一九四〇年	大久野島の陸軍造兵廠火口廠忠海兵器製造所を東京第二陸軍造兵廠忠海兵器製造所と改称
一九四一年	大久野島に徴用工三六〇名が入職（一〇月） 真珠湾攻撃（一二月）、太平洋戦争始まる
一九四四年	学徒動員の開始 大久野島では風船爆弾の製造
一九四五年	（八月六日・九日）広島・長崎に原子爆弾投下 （八月一五日）敗戦 （一〇月八日～一九四六年二月）米軍将校五名を含む一三六名が忠海に進駐 （一二月九日）米陸軍による忠海製造所関係者への尋問、調査 帝人人絹株式会社三原工場による戦後処理開始
一九四七年	帝人の子会社・大久野島産業発足（八月）

一九四八年	大久野島産業、大久野島より三原市へ移転（五月）
一九四六年— 一九四八年	東京裁判（極東軍事裁判）
一九四九年— 一九五〇年	ハバロフスク裁判
一九五〇年— 一九五三年	朝鮮戦争に日本の毒ガス研究者が協力
一九五一年	米軍、日米安保条約により大久野島を接収。弾薬庫を設置
一九五二年	元従業員らが毒ガス障害者団体を結成
一九五六年	米軍による大久野島管理が終了
一九五七年	米軍が日本政府に大久野島を返還
一九六〇年	大久野島が国民休暇村に指定される
一九六三年	大久野島が国民休暇村として一般に開放
一九六五年— 一九六八年	ベトナム戦争 ベトナムで使用された枯葉剤には、登戸研究所でも研究されていたダイオキシンが使用される
一九七〇年	日本、ジュネーブ議定書を四五年ぶりに批准
一九九三年	化学兵器禁止条約、一三〇か国が調印・締結 化学兵器の開発・生産・貯蔵の禁止 中国への遺棄化学兵器（きい剤。あか剤*など）の処理が義務付けられる *きい剤は、陸軍の毒ガス用語でイペリット。あか筒はくしゃみ剤のこと
二〇〇四年	寒川町の旧相模海軍工廠跡地「平和公園　現八角公園」の道路拡張工事で、作業員六名が病院に搬送。一名が死亡、四名が負傷
二〇〇五年	神奈川県平塚市の旧相模海軍工廠実験場の跡地の工事で作業員三名が病院に搬送。発見された毒ガス類は微量だったが、周辺の井戸水の汚染が判明。跡地は、平塚第二合同庁舎予定地だったが、現在は平塚市役所の公用車駐車場に

（以上の年表は、『一人ひとりの大久野島』の「大久野島年表」等を参考にしている）

(『戦争と平和の島・大久野島「毒ガス工場」の記録』村上初一著より転載)

ウサギの島、大久野島へ

二〇一九年の初夏を思わせる五月末、山陽新幹線に乗った私は三原駅で降りて、呉線に乗り換えた。多くの観光客と共に忠海駅《ただのうみえき》で降りて、大久野島《おおくのしま》への連絡船の発着場へと向かう。大久野島は、忠海側からその姿がはっきり見えるほどの近距離である。

土産物屋を兼ねた小さな売店で船の往復チケットと、飲み物と菓子パンを買って一休みする。

「大久野島は、初めてなんですが」と前置きをして、売店の女性に「島に水道はありますか」と尋ねると、

「以前、ここから島へ水道管を通そうとしたらしいのですが、頓挫したようです。だから、島の水は船で運んでいます」

と返事があった。

大久野島では、一九四五年の敗戦まで毒ガスが製造されていた。敗戦と同時にそれらが島の外に廃棄されたことが原因ではないか、と言いそうになったが、口を閉じた。

武田英子による同名の書籍が出ているが、戦時中、大久野島は「地図から消された島」であった。毒ガス兵器の製造と使用を禁止した国際条約への違反を隠すために、一九三三年以降、日本の地図上から事実上消されていたのである。

国際社会においては、一八九九年の第一次ハーグ条約、一九〇七年の第二次ハーグ条約、一九一九年のベルサイユ条約、一九二二年のワシントン軍縮会議において、毒ガス兵器の製造と使用が禁止された。さらに一九二五年にジュネーブで通過した議定書では、「窒息性あるいは中毒性の気体及び一切のこれに類似した液体、あるいはその他の物質の製造と使用を禁止する」とさらに明確にその使用が禁止されている。

日本はこれらのうち、一九二五年のジュネーブ議定書以外の四つの国際条約を批准している。ジュネーブ議定書については一九七〇年になってようやく批准したが、三〇年代のはじめから前向きな態度を取っており、「一般的な催涙ガスも化学兵器の禁止対象とすべきか否か」について「当然禁止対象にすべきだ」と表明している。

しかし、言い分と行為は完全に矛盾していた。旧日本軍は、こうした表明が行われた頃には、すでに毒ガス製造を行う軍事工場を建設していた。これが、大久野島の毒ガス工場だ。

乗船時、大きなキャリーバッグを持った私に、欧米人らしき男性が手を貸してくれた。見渡すと、乗客の半分以上が、海外からと思われる観光客である。

あっという間に島へ着いた私を待っていたのは、大久野島国民休暇村にある国民宿舎が出しているマイクロバスであった。バスの中では、こんな案内が流れた。

「この島は戦時中、毒ガスを作っていました。島の中には、毒ガス資料館をはじめ、当時の痕跡があります。

また、この島には、七〇〇羽の野生のウサギがいます。穴ウサギです。ウサギにはむやみに手を出さないで下さい。ウサギは近くが見えないので、とがった歯で指を噛む恐れがあります。

もうすぐ、毒ガス資料館前に止まりますが、よろしいですか」

毒ガス資料館には明日、ゆっくり見学に行きたいと思っていたので、私は声を掛けなかったが、毒ガス資料館前では誰も降りなかった。

国民宿舎は、四階建ての立派なホテル。

一階で受付を済ませて、二階の部屋へ。部屋風呂はないが、一〇畳の和室の窓からは、南国風に作られた前庭でウサギと戯れる観光客の姿が見える。

部屋の机上には、キャンプ場や海水浴場の案内も。

目についたのは、「夜の散歩！　ウミホタルを観に行こう」と「朝の散歩」と書かれたチラシだった。

夕食を一階の食堂で済ませてから、「夜の散歩」に参加した。三〇人ほどの参加者と一緒に、少しひんやりした夜の空気の中を散策する。

夏には海水浴場になるという海岸沿いの船着き場へ。そこで、事前に集められていたウミホタルを見る。ウミホタルは節足動物の一つで、大きさは約三ミリ。海底に住んでおり、夜になると動き出す夜行性の動物である。触ると光を放つ習性があるので、子どもたちがその淡い光に歓声を挙げる。

このウミホタルは、アジア太平洋戦争時代の末期には、旧日本軍が照明弾として使っていたらしい。『日本の戦争と動物たち』（東海林次男、汐文社）が紹介しているのを後で発見した。

ウミホタルを乾燥させたものに水をかけると光を放つことから、夜間の行軍の際にも懐中電灯代わりに使おうとしたという。

一方、私を含めた大人たちは、澄み切った夜空の星に惹きつけられる。

「こんなきれいな沢山の星、街では見られないよね」

と口々に話す。

島の中央の小高い丘の上に立つ、高さ二二六メートルの鉄塔の先に灯った赤い電光まで、まるで大きな星のようである。

「飛行機が鉄塔にぶつからないためなのね」

と誰かが言った。

この大久野島の鉄塔は、本土と四国を結ぶ送電線を支えているのだそうだ。

次の朝、私は「朝の散歩」にも参加した。

敗戦までここに毒ガス工場があったとは思えないほど、初夏の空気はさわやかである。

この島が現在の国民休暇村に姿を変えたのは、一九六二年。一般の人々がこの島を訪れるようになったのは、翌一九六三年からである。

大久野島の周囲は約四キロ。面積は約七〇ヘクタール。その大部分は花崗岩質の丘陵地帯である。実際に歩いてみると、確かに地面は粘土質の黒土ではなく、粒の大きいベージュ色をした花崗岩であることがわかる。

毒ガス資料館の周辺にある、毒ガス工場跡も訪れた。

丘の斜面には、高さ一メートルほどのコンクリートで造られた将校用の防空壕跡。上級軍人は、常に安全な場所で指揮を執る。

海の近くには慰霊碑があった。千羽鶴が奉納されている。平和教育で大久野島を訪れた小学生たちによるものだろうか。

見学者の一人に、

「この島で作られた毒ガスは、結局使われなかったんですよね」

と話しかけられた。

そこで、

大久野島毒ガス障害死没者慰霊碑

「いいえ、そんなことはないですよ。中国へ持って行って使っていたと思いますよ。戦争が終わって、中国に置いてきてしまった毒ガスが、今大きな問題になっていますよ」と返事をすると、「そんな話は聞きたくない」と言わんばかりに私の傍から離れて行ってしまった。

私の言い方が強すぎたのかなとも思ったが、過去のことは聞きたくないと考える人も少なくないのが現実なのだと思う。

「朝の散歩」からホテルへ帰る道すがら、案内役の女性にウサギにつ

大久野島毒ガス資料館

いて聞いてみた。

「今いるウサギは、一九七一年頃、島に来た小学校の生徒さんが持ち込んだものだと聞いています。野生の穴ウサギは世話もいらなくて、島の草などを食べて、小さな穴を掘って生活しています。繁殖率が高くて、どんどん増えて現在では全部で七〇〇羽以上といわれています。中には白いウサギもいますよね。アルビノっていうらしいです」

私が小さい頃に飼っていたウサギは、穴ウサギではなかった。色は白かったし、もっと大きかった。

毒ガス資料館

大久野島、国民宿舎二日目。食堂で朝食を摂った後、私は一人で島内の散策に出かけた。

まずは昨日、誰もバスから降りなかった毒ガス資料館である。

資料館は、竹原市やその周辺から大久野島に働きに来ていた元行員や動員された学徒などで結成された、大久野島毒ガス被害者対策協議会が竹原市に寄贈する形で作られたという。

午前中の早い時間だったせいか、レンガ風の建物の中には、私を入れて二、三人の見学者しかいなかった。

資料室には、毒ガスを入れていた容器や、変色してボロボロになった作業着などと一緒に、学徒や女子挺身隊の写真などが陳列されている。壁面にも、当時の毒ガス製造工場の写真。もの言わぬ歴史資料である。

見学していると、小学生たちの一団が入って来た。

係の男性に尋ねると、

「平和教育で、この大久野島の勉強に来た子どもたちですよ」

ここ大久野島でジュネーブ条約で禁止されていた毒ガスが作られ、中国に多大な加害を与えた歴史を学ぶことは、確かに平和教育の一つである。

『一人ひとりの大久野島』

「お国のために」と言われ、危険な毒ガス製造に従事した人たちの多くは、その後、身体の不調に悩まされて一生が台無しになってしまった。そうした人々の記録を綴った本が、前述の山内氏推薦図書、『一人ひとりの大久野島――毒ガス工場からの証言』（ドメス出版）である。

この本の編著者、行武正刀氏は、大久野島の間近にある広島県忠海町の忠海病院（国家公務員共済組合連合会）に、内科医として一九六二年から四〇年近く勤務された方である。

行武医師は、「はじめに」に、次のように書いている。

「毎朝毎朝、潮が押し寄せるように小病院に毒ガス傷害者が受診する。猛烈な咳と共に膿性の痰をペッと吐き出す慢性気管支炎、また苦しそうにヒーヒーと肩で息をし、肋骨の浮き出た胸を叩いてみると、まるで空箱を叩くような肺気腫の症状である。

教科書でも読み、教室でも講義を受けて赴任してきたが、こんな重傷者が来る日も来

る日も来るとは思いもよらなかった…（略）…

二〇年代のある日、『毎朝、泣きながら自転車を漕いで毒ガス工場に通いました』という古い行員さんの話を聞いた」

行武医師は、患者たちから聞いた話をカルテの隅にメモをしていき、「こうして集めたのが、この証言集になった」のだという。

「あとがき」によると、

「一九二九年（昭和四年）に始まり終戦処理までの約二〇年間の出来事が、約五〇〇人の人々の体験として、メモ帳に残されている。…（略）…

大久野島に兵器研究所の建築が始まり、毒ガス工場の完成、毒ガスの大量生産、そして戦後の工場解体と、昭和の歴史をたどるように毒ガス工場の歴史は流れた。

この間、確認されただけでも、六八〇〇人以上の人たちがこの工場にかかわってきた」

この証言集が二〇一七年にドメス出版から出版された経緯については、行武正刀氏の長女、行武則子氏が「おわりに」に記している。

「父、行武正刀から二〇〇八年一月に「パソコンを持って来て欲しい」との電話を受けて、…（略）…『一人ひとりの大久野島』という題で口述筆記がはじまった」行武則子氏は、父親が亡くなった後、妹の協力も得て証言を整理する作業を続け、約五〇〇名の方々に連絡を取り、二七七名の人たちから掲載の許可を得た。そして、大久野島資料館をはじめ多くの関係者の協力を得て、出版に至ったという。

『一人ひとりの大久野島』における大久野島で働いた動機や作業の実態についての証言は、工員や幼年工、徴用工、養成工だけではなく、女子行員、女子挺身隊や学徒動員などによっても行われている。大久野島で働く人たちを監視した憲兵のことにも触れられており、貴重な証言であると思われる。

「ウサギ」についての記述がないかと、目を皿のようにしながら読み進めた。

日中戦争

一九二九年五月一日に開所式を迎えた忠海製造所は、当初島の三軒茶屋と呼ばれた地区に、フランス式イペリット製造工室（びらん性ガス）や塩化アセトフェノン製造工室

（催涙性ガス）、サイローム工室（青酸を原材料とした殺虫鼠剤）などが建ち並ぶ程度の施設であった。

初期の忠海製造所についての次の証言からは、開所当時から工員たちの中に犠牲者が出ていたことがわかる。

「まるで、守衛はモルモット同様でした。後で、守衛にも防毒マスクが配備されました」（一二三頁）

「イペリットをドラム缶に入れる作業をしている時に、コックを誤って反対に操作して、イペリットが急に噴出し、全身に毒液を被りました。防火用水の水を被って除毒しましたが、左腕の皮膚に大豆大の白い跡が残りました。サイローム工室の外で作業をしていた時、最初の犠牲者の死亡事故を間近に見ました」（一一七頁）

一九三三年になると、ルイサイト（びらん性ガス）製造工室、ジフェニルシアノアルシン（くしゃみ性ガス）製造工室、ドイツ式イペリット製造工室などの大規模工場が次々と着工された。また、これに伴って多くの工員が募集された。背景には、盧溝橋事件から日中戦争への戦火の広がりがあった。

各工場では、昼夜を問わず毒ガスの大量生産が始まったが、働く人たちへの安全教育は一向になされず、負傷者は増え続けた。

「イペリットを詰めたサイロで夜勤に働くと、十割の危険手当があったが、夜勤をしていると、ひどく咳が出るようになり、遂には咳のため眠れないほどになりました。当時は、まだ大久野島に病院がなく、軍医が一人いるだけで、あまり治療は受けませんでした」（一四五頁）

「若い頃は短距離の選手をつとめるなど健康でした。発煙筒工室に勤務し、リヤカーで物を運びました。悪い臭いがして頭痛がして、食事が食べられなくなり、やせてふらふらになりました」（一四六頁）

同年、日本陸軍は千葉県習志野に陸軍習志野学校を設立。化学戦の教育を行う専門将校を養成した。ここで養成された将校たちが全国の部隊に配置され、日中戦争開戦後は、大久野島で製造された毒ガスが中国大陸に運ばれて、くしゃみ剤（赤剤）を中心に実際に化学兵器が使用された（一四九頁）。大久野島の工員たちも戦場へ行き、戦死者も出た（一四四頁）。

日本は日中戦争でも毒ガスを使用していたことがわかる。

大久野島毒ガス工場で働いた人々

この毒ガス工場で働いた人々について、もう少し詳しく見ていきたい。

次の女性は、女子挺身隊逃れとして、大久野島に入廠した。

「女子挺身隊逃れ」とは、女子挺身隊の召集令状が来ると、どこへ配属されるかわからないので、軍需工場（ここでは大久野島）へ働きに行った人もいたという意味だ。

「昭和十九年十月、分廠に人が要るという話を聞いて、入廠しました。当時は女性も女子挺身隊として徴用に取られるという時代でした」（八五頁）

太平洋戦争開戦の一九四一年になると、大久野島近辺からも、女子挺身隊のほかに国防婦人会など多くの女性が島へやって来る。その際、「ワラ一本、持ち出すな」と監視が厳しく、「弁当箱の中身も調べられた。よそ見や私語も禁止された」（一三二頁）という。

「赤筒（くしゃみ剤）の職場は女子の職場としては最も危険で、女子工員としては私たちが最初に勤務しました。毒物が皮膚に触れると、赤くなって非常にかゆくなりまし

た。戦争に末期には赤筒の生産量は減少し、女子工員の数も減りましたが、最後まで生産は続きました」（一一五頁）

「昭和十一年九月に入廠しました。発煙筒工室で三人の女性工員と共に点火薬（テルミット）を付ける作業を、素手でマスクなしでやっていました。女性のほうが能率が上がると評価されていました」（一一五頁）

あるいは、徴用工逃れとして入廠した者もいた。

「三原市の麻糸工場に徴用されましたが、半年で終わるはずが九カ月になりました。また徴用がかかりそうだったので、忠海分廠に入ることになりました」（一〇二頁）

徴用工たちは、国家総動員法（一九三八年）に基づいて制定された国民徴用令によって、強制的に徴用された（日韓で政治問題になっている「徴用工問題」もここに端を発している）。大久野島には、広島市、福山市などから約三六〇人が徴用され、毒ガス工場で働かされた。

大久野島には、女子挺身隊と徴用工の他に、幼年工と養成工呼ばれる労働者がいた。

毒ガス工場で働く人々

大規模な工場建設に伴う人員確保のために採用された、高等小学校を卒業したばかりの少年たちが幼年工である。しかし学科などの授業もなく、実習生扱いしたため、幼年工に関係した事故が発生。幼年工は年次途中で解雇された。

一方、一九四〇年、大久野島に技能養成所（正式名称は第二陸軍造兵廠技能養成忠海分所）が開設したことで、養成工が生まれた。

技能養成所は、近辺の小学校から受験生を募集。合格者は忠海町内の宿舎に入り、学科の授業を受け、工場での実習も行った。学科授業は、電気科、化学科、機械科などに分かれた。卒業後は、工員として採用された（一〇二頁）。

この元養成工の一人が、『寒川町史研究（第一〇号）』に聞き書きが寄せられていた村上初一氏である。村上氏は、毒ガス資料館の初代館長でもある。村上氏は、一九二五年生まれ。一九四〇年に大久野島養成工の二期生となった。「広島県大久野島の陸軍毒ガス製造の過去と現在──村上初一氏聞き書き」の中で、枯れ葉当時の養成工の生活について次のように語っている。

午前は学習、午後は実習。

午前の授業では、「毒ガスは人道兵器である」と教わる。通常の兵器は一発命中すれば死ぬけれど、化学兵器（毒ガス）は、広範囲に中毒を起こして、戦闘能力を失わせるにすぎない。だから、人道兵器である。

こうして三年間教育を受けると、機械工として工場に配属される。

一九四〇年から四一年当時は、毒ガス製造のピーク。工場内では軍艦マーチが鳴っていたという。

敗戦前の一九四四年の終わり頃になると、徴用工員は解除され、毒ガス製造から火薬製造に移り変わる。ふたたび忙しくなったところで動員学徒が入ってきて、女学生が風船爆弾をつくった。広島に原子爆弾が落ちた時は、アメリカが風船爆弾を落としたのだと思った。

これらの労働者を監視し、大久野島の機密を守るために憲兵隊が置かれた。工員はもちろん、女子挺身隊や動員学徒とその家族にまで、憲兵の目が光っていた（一五二頁）。

敗戦後

敗戦後の毒ガス処理作業は、戦時中よりも危険な作業となった。戦後処理に駆り出された人たちの多くが喉頭ガンを発症し、苦しんだ末に亡くなった。彼等の診断書が忠海病院に残っている（二三八頁）。

大久野島の戦後の経過について追ってみたい。

まず、次の証言にあるように、大久野島では占領軍が来る前に相当数の化学兵器が「処理」された。

「敗戦後に占領軍がやってくる前に、船にボンベを積んで近くの海中に投棄しました。五十トンくらいの徴用された船の甲板に、工員が長さ一メートルくらいのボンベを身長くらいの高さまで山形に積み上げました。ボンベの口金は真鍮でした」（一九五頁）

占領軍がやって来た後については、次のように証言されている。

「戦後すぐに占領軍が来ました。何人かの人たちと一緒に占領軍の指示の元で、分廠

に保管されていた発煙筒を運び、島に上げて海岸で燃やしました」（二一三頁）

「やがて占領軍がやって来て、この島の毒ガスと工場施設の処理を行うことになった。広島県を管轄していた英連邦軍は、工場の解体と並行して、毒物は焼却炉を作り時間をかけて焼却することを計画していた。しかし、次に戦後処理作業を引き継いだ米軍はもっと早い処理を計画し、イペリット、ルイサイトなどの毒物は米軍の上陸用船艇（LST）に積み込んで土佐沖の海中に投棄することに決まった。このような毒ガス工場の解体の実際の作業は、帝国人造絹糸株式会社（帝人）三原工場が担当した」（二一八頁）

「昭和二十年九月から十月まで父の船に乗り、大久野島の長浦から危険物ボンベや兵器等を積んで、大久野島周辺の海中に投棄しました。…（略）…大久野島を辞めた後も長い間、船内を掃除する度に汚染されたほこりによりくしゃみや涙が出ました」（二一九頁）

「終戦となり、東町（二窓）の海岸倉庫にあった空のイペリットの小型ドラム缶を全部海中投棄する作業を行いました。…（略）…淡路島の西側の海岸にチビを山積みにして油を掛けて燃やしました。その後、淡路島の倉庫に払い下げられ、解体して大乗小学校の校舎として使われました」（二一九頁）

「大久野島戦後処理の証言——2000年6月17日聞き取り」（毒ガス歴史研究所会報・第6号）においては、元養成工の末国春夫氏が次のように語っている。

「大久野島へ行ってくれと帝人三原から言われた。仕事は、大久野島で船の機械の必要な部品を帝人に頂いて帰るのと、毒ガスを積み込むのを容易にするための船の部品の撤去作業だった。実際には、毒ガスの処理作業で、作業中、二度も事故に遭った。

一度目は、アメリカ軍の上陸用船艇に積載された毒ガスを入れた容器に、アセチレン溶断中の火花が飛び散り引火して火災になった。毒ガスの知識がなかったので、無防備で消火活動を行った。

二度目は、昭和二十一年七月八日の台風来襲で船をつないだワイヤーロープが切れ、錨も切れて船が沖へ漂流して危険な事態に。船が転覆すれば、瀬戸内海に毒ガスが流れ出す危険が。そこで、海中に潜り、船の流出を防いだ」

この『一人ひとりの大久野島』からは、「仕事がなくて」「戦地に行くよりは」「徴用されて」等の理由から、危険性について知らされることなく毒ガス製造に従事した人々の、生の声が聞こえてくる。こうした多くの人々が、毒ガス製造が原因で健康を損ない、あるいは命を落としていることも、消してはいけない「戦争と毒ガス」の歴史ではないだろうか。

工廠内の動物

話を戦前に戻して、『一人ひとりの大久野島』における、動物に関する記述をたどってみたい。

「昭和一二年に大久野島毒ガス工場に入りました。主にサイローム工室で働きましたが、工室内では小鳥を飼っていましたが、この小鳥はたびたび死にました。作業中にサイロームを吸ってふらふらしたことがあり、一人で歩いて、医務室へ行きました。工員詰め所にはアルコールが置いてあり、吸っては気付け薬にしました」（三五頁）

この「小鳥」は、青酸に敏感とされているジュウシマツではないだろうか。小鳥に関する証言は、他には次のように見られた。

「会計係部品係に配属され海岸倉庫で勤務しました。倉庫の中で物品の員数を数える作業をしていました。風向きによっては、長浦から海岸倉庫まで臭いが来ていました。山の上にも倉庫があり、そこで小鳥を飼っていました。小鳥が死んだらすぐ出るようにと云われていました」（五八頁）

「工場の入口、天井には小鳥がたくさん飼われています。これは、工場に入るとき、一番に小鳥の様子を見て、元気にしていたら大丈夫と、一種の目安と聞きました」（七一頁）

「私は、はじめは医務室で看護婦の仕事をしていたのですが、実際は工員と同じ仕事をしていました。木箱に蓋をして釘打ちをしました。また、女性二人で木箱を道の上の横穴の中に格納しました。工室では四隅に小鳥を飼っており、死んでいたら中へ入るなと教えられましたが、実際に死んだのは見ませんでした」（八八頁）

動員された学徒からも次のような証言がある。

「国民学校高等科から大久野島の工場へ動員されました。島では、赤（くしゃみ剤）や黄色（イペリット）の線が入った木箱を運ぶ作業をしていました。倉庫の中には鳥かごが吊ってあり、小鳥を見ながら作業をするように言われました」（一七二頁）

大久野島では、小島を「毒ガス探知機」として使っていたことがわかる。次の証言にあるように、毒ガスは、直接衣服や身体に接触しなくても人体に影響を及ぼすためだ。

「昭和十九年に徴用にかかりそうだったので、大久野島に入廠しました。私は、工場詰め所で女子工員の給与計算をしていました。工場詰所は海側にあり、イペリット工室の汚物が海に流れてひどい臭いがしていました。夏は特にひどく、脇の下が腫れて医務室で薬をつけていました」（六八頁）

「新人工員さんが工場に入るのに手袋を忘れて、それを貸してあげたところ、返してくれた手袋には毒ガスが付着していたのがわからず、そのままズボンのポケットに入れたところ、大腿部、陰部にピリピリと痛みを感じて、すぐに病院へ行ったのですが、すでに大腿部、陰部はガスに汚染されて、びらん、水疱で歩くこともできず、びらんは骨まで見えていました。身体全体が外人のように黒く見える人もいました。これもガスの後遺症だと後になってわかりました」（八七頁）

「はじめに風船爆弾の原紙をつくる作業をしていました。昼食後の昼休みに、皆が運動場で遊んでいました。私はそれを眺めながら、松葉を何の気なしに取って、ようじ代わりに使っていると、口の中（前の歯茎）が腫れてしまいました。「島では物を口に入

れるな」と注意を受けていたので、先生にも言えませんでした」（一七一頁）

『一人ひとりの大久野島』には、ウサギに関する記述をついに見つけることはできなかった。

地図から消された島

ウサギに関する記載は見つけられなかったが、大久野島毒ガス工場と動物に深い関わりがあることがわかった。今度は、『地図から消された島――大久野島毒ガス工場』を追ってみたい。

「序文」と「あとがき」を読むと、本書が書かれた一九七〇年時代、大久野島についてはまだあまり知られておらず、多くの資料提供者や助言者の協力によってまとめられたことが書かれている。協力者の中には、『一人ひとりの大久野島』編著の行武正刀氏の名前もあった。

『地図から消された島』によると、軍都広島の要塞となった大久野島には、毒ガス工場ができる昭和初期まで、住人がいたという。農業を営んでいた一家、ひとり暮らしの女性、火薬庫看守の一家、灯台守の一家の四家族である。その後、彼らは軍の要請で、「お国のため」に島外に移住させられている。これは『一人ひとりの大久野島』にはなかった情報だ。

また、『一人ひとりの大久野島』で多く登場したイペリットのほかに、次のような毒ガス製造についても言及がある。

「イペリットとともに当初から製造されていたのは、催涙性の塩化アセトフェノン日産100キロだった」（五三頁）

「一九三〇年（昭和五年）には、製造所唯一の平和産業の殺虫剤（サイローム）の製造が始まった。……（略）……特殊赤土に青酸を吸収させた缶詰である」（五五頁）

「常時は除草剤として使う薬剤を『化学兵器』としたのが、アメリカである」（五五頁）

ジョン・ミッチェル著の『追跡・沖縄の枯れ葉剤』を思い出してほしい。除草剤の

「ダイオキシン」配布である。サイロームは、アウシュビッツのユダヤ人収容所でも使用されたと言われている。

ウサギがいた!

大久野島の毒ガス工場が操業した一九三〇年一〇月一七日、大久野島で製造した毒ガス弾が、台湾において使用された。植民地政策に圧制に対して立ち上がった、約五〇〇人が殺害されたという。この時使われたのは、催涙性ガス、臭化ベンジルと塩化アセトフェノンであった。

「臭化ベンジルは、眼の粘膜を刺激して涙を流させるガス剤であり、塩化アセトフェノンは、鼻・のど・肺を刺激し、その濃度が濃いと、激しいくしゃみや嘔吐を引き起こす」(六〇―六一頁)

この毒ガスは、緑弾とも呼ばれる。旧陸軍は、一九三一年、毒ガスの呼び方を次のように略式化している(六四頁)。

（イ）ホスゲン　　窒息性あお一号
（ロ）三塩化砒素　　発煙材しろ一号
（ハ）臭化ベンジル催涙性　　みどり一号
（ニ）塩化アセトフェノン　　催涙性みどり二号
（ホ）イペリット（独式）　　糜爛剤きい一号甲
　　イペリット（仏式）　　糜爛剤きい一号乙
（ヘ）ヘルサイト　　糜爛剤きい二号
（ト）ジフェニルシアノアルシン　　くしゃみ剤あか一号

第一章で紹介した旧海軍と呼び方が異なっている。毒ガスについても、海軍と陸軍は敗戦まで交流していなかったようだ。

この発煙筒製造の作業についての証言を追うと、『一人ひとりの大久野島』で触れられていた小鳥の正体が判明した。六五～七四頁に詳しく書かれている。

ある日、高等小学校二年卒業の幼年工が、布に発火剤が付着していることに気付かないまま発煙筒の作業を行い、発火。近くにあった完成品に燃え広がり、何人かの幼年工が火傷した事故が起きた。一名が亡くなっている。

この事故以後、一九三三年より、ジュウシマツが入った鳥かごが各工室などに配布されるようになったという。あの小鳥は、やはりジュウシマツであった。

実は続けてウサギが登場するのだが、まずは本書から日中戦争時の証言を引く。一九三七年の日中戦争開戦後、大久野島の従業員は二〇〇〇名を超え、毒ガスの生産量も大幅に増加。二四時間操業となる。

「糜爛性ガスの工場で働いていると、のどや目が痛み、声がかすれ発声しにくくなった。咳とたんが治らず、咳のたびに気管が切れるように痛かった」（八六頁）

「イペリット液が防毒服に付着すると、ゴム服を通して皮膚を侵した。特に苦痛を極めたのは、皮膚の湿潤部の最もデリケートな部位を侵されることだった」（八六頁）

「女子工員は…（略）…毒ガス製造には当たらなかったが、毒ガス汚染のため、陰部に傷害を生じた女性も多く、その衝撃と苦悩は深かった」（八七頁）

翌一九三八年の国家総動員法によって、当時、家庭にいた娘や主婦たちも国防婦人会や愛国婦人会として大久野島へ動員された。彼女達の証言に注目してほしい。
「島内で気持ちを和ませたのは、医務室近くの動物飼育者だった。たくさんのジュウシマツと兎が飼われていた。そのかわいらしさに心ひかれた」（九七頁）
「小島は毒ガス探知用に工場へ配布され、兎はガラス張りの実験室で毒ガスのテストにされる犠牲動物」（九七頁）

やっと、ウサギに遭うことができた！　大久野島においても毒ガスの実験動物として使われていたのだ。

私は大久野島を後にし、更なる資料を求めて広島県立図書館へ向かった。

広島県立図書館

大久野島を出て、呉線の忠海駅から三原駅へ。そして広島駅へと向かった。
広島駅に降り立つと、長女が取っておいてくれた駅前のホテルへ。夕方前だったので、ホテルのフロントで「まだ間に合いますよ」言われて、タクシーで平和公園と、リニューアルされた広島原爆平和資料館へ向かった。

資料館は、海外から来たと思われる見学者や、平和教育の一環として来ている小学生たちで混みあっていた。

大きなショーケースの中で再現される、平和な広島の街が一瞬の原爆投下で廃墟となる様子は、核の恐ろしさを見事に表現していた。「その時」まで幼児が乗っていたのであろう、焼け焦げた三輪車の展示も同様だ。

壁面に展示された被爆者の写真の前では、小学校の教師だろうか、生徒たちに、

「この人たちは、朝鮮半島から連れて来られて働かされていた人たちだよ。日本人も、原爆で犠牲になったけれど、この人たちを連れて来たのは、また日本人なのだから。日本は被害者だけではないということも、覚えておいてね」

と、説明しているのを聞いて、

「そうよ。戦時中、日本軍も中国へ毒ガスを持って行って使ったのよ。あまり知られていないけれど」

と、声には出さずに子どもたちに話しかけた。

原爆を落としたことも知らないアメリカ人が多いと聞くが、国際条約に違反して毒ガスを作っていたことを知らない日本人も多いのだろうなと思った。

原爆資料館を出て、原爆ドームがある平和記念公園を歩きながら、この公園の土の下には、原爆で亡くなった方々の骨が埋まっていると聞いたことがあるのを思い出した。平和公園と名付けられた場所の多くが戦争と無関係ではないと思うが、「過ちは二度と繰り返しません」と刻まれた原爆慰霊のある広島平和記念公園は、まさに戦争と密接につながっている。

帰りのバスの窓から広島の街を眺めていると、河川が多いことに驚く。一九四五年八月六日、川に飛び込んで亡くなった方々がいた光景を重ねて想像すると、世界中で現在も続く戦争の愚かさにため息が出る。

毒ガス島歴史研究所事務局長の山内正之氏からいただいたアドバイス通り、次の日は広島文書館を訪ねた。

広島文書館は、広島市中区の県立情報プラザ内にある。

総括研究員の荒木氏が、
「大久野島については、県から提供されている資料しかないのですが」
と、大久野島に関する資料の一覧表を見せてくれた。必要なものをコピーして下さるという。毒物タンク解体搬出作業の写真二枚をコピーしていただいた。

毒ガスタンクの大きさは、一緒に写っている人と対比すると、直径一〇メートルはあるだろうか。末国春夫氏への聞き取り「大久野島戦後処理の証言」を思い出して、この事実を歴史から消してはいけない！　と強く思った。

次に、広島県立図書館を訪れた。

私が大久野島の毒ガスについて知りたいと言うと、受付の女性が大量の資料を出して来て、
「ゆっくり読んで下さい。必要なものはコピーしますから」
と、閲覧室の机上まで、その資料の山を運んで下さった。

毒ガス島歴史研究所の機関紙（山内正之氏らが発行している）には、大久野島におけ

毒物タンク解体搬出作業（一枚目）

毒物タンク解体搬出作業（二枚目）

る毒ガス製造から廃棄処分までの過程や、彼らが製造した毒ガスが中国本土で使われたこと、敗戦後には日本軍が毒ガスを遺棄してきたこと、一九五〇年に始まった朝鮮戦争にも毒ガスが関係していること、等々が詳細に記されていた。実際に朝鮮半島にまで行って、日本軍が廃棄した毒ガスの問題について調査された記事もある。

私は、コピーのための付箋を貼りつけながら、大久野島の毒ガスは現在にも続く問題であることを知った。

『アサヒグラフ』昭和一五年一月一七日号の「毒ガスの正体を暴く」というページには、毒ガスマスクをした兵隊たちの写真や、毒ガスの実験をしている写真が出ている。そこには、鳥かごに入ったジュウシマツの姿もあった。

続けて、『日本の戦争と動物たち――戦争に利用された動物たち』を見る。子ども向けの、A4判である。ページをめくって、驚いた。

「ウサギとジュウシマツと毒ガスの島」と題して、大久野島が出て来たのだ（二一六頁）。

「つくった毒ガスが、まちがいなく効果があるかどうか調べるためにウサギがつかわ

『アサヒグラフ』
（1940 年 1 月 17 日号）

鳥かごに入ったジュウシマツ（『アサヒグラフ』1940 年 1 月 17 日号）

れていたのです。

毒ガスが液体の段階で、ウサギの毛をそり、肌にぬって確かめました。つぎにウサギや小鳥を入れたガラスの箱にガス（気体）を入れ、どのくらいの時間でどのような影響が出るのかを調べました」

こうした実験に使われたウサギの種類は、日本白色種であるという（二七頁）。日本白色種のウサギをインターネットで調べてみると、明治初期に輸入された外来種と日本在来種の混血によって生じたアルビノを固定させた品種で、白色の毛に赤い目をしているのが特徴だという。

「セッコのウサギ」も白色の毛に赤い目だったから、同じ品種だ。やはり、「セッコのウサギ」は毒ガスの実験材料にも使われていたのだ。

広島から帰宅して、お世話になった山内正之氏にお礼の電話を掛けた際にそのことをお話しすると、

「ああ、実験用のウサギね。戦争が終わった後は必要がなくなったので、大久野島にいた人たちは、一羽ずつもらって帰ったのですよ」

と言われた。

そのウサギはどうされたのでしょうかと尋ねると、

「当時は食糧難だったので、食用にしたのですよ」

と、あっさり言われてしまった。

「戦争が終わって、占領軍がやって来るからと、毒ガスを海に捨てるようにと命令されて、島の海岸から海に毒ガスを投げ入れた時も、魚が浮いてきたそうです。皆、腹がすいていたので、すくい上げて食べたそうです。そんな時代だったのですよ」

第三章　登戸研究所と七三一部隊

帝銀事件

「帝銀事件」をご存じだろうか。

日本がアジア太平洋戦争に負けて社会が混乱していた一九四八年一月二六日、東京都豊島区長崎の帝国銀行（現・三井住友銀行）椎名町支店で、東京都防疫班の一員を名乗る男が、従業員を集めて伝染病の予防と称して正体不明の薬物を飲ませ、一二人を殺害。現金一六万円と小切手を奪って逃走した事件である。

同年八月二一日、テンペラ画家の平沢貞通氏が犯人として逮捕されている。平沢氏は無罪を主張したが、一九五五年に死刑が確定。その後冤罪の主張が晴れぬまま、一九八七年、医療刑務所で九五歳の時に病死した。その後、二〇一五年に平沢氏の遺児が第二〇次再審請求を東京高裁に申し立てている。

この事件は、一九五四年に熊井啓監督によって映画化されている（「帝銀事件死刑囚」）。

この映画では、事件の真相を追う主人公の新聞記者が、ある日GHQ（連合国軍最高司令部）に呼び出され、事件から手を引くようにと言われる場面が出てくる。平沢氏の娘がアメリカへ移住する最後のシーンは、当時占領軍であったアメリカが事件に関係している可能性を匂わせる。

一九六一年には、推理作家の松本清張も『小説　帝銀事件』（角川書店）を著わしている。この小説では、七三一部隊とアメリカとの関係まで描かれており、松本も帝銀事件を「アメリカ軍占領下で」発生した重大事件として捉えていることがわかる。いわゆる『日本の黒い霧』*（文春文庫）路線である。

＊「文藝春秋」で一九六〇年に連載された、アメリカ軍占領下で発生した重大事件を清張の視点で真相に迫った連作ノンフィクション

実際、この帝銀事件には旧陸軍の登戸研究所が関係しているとされ、登戸研究所の伴繁雄氏が、専門家の立場から検察側の証人として長野地検伊那支部で証言を行っている。青酸ニトリールと呼ばれる毒物、アセトシアノヒドリンについてである。後述するが、

登戸研究所で研究・製造されていた。

一九四一年に中国の南京に出張した際、日本軍の病院で中国人捕虜にこの青酸ニトリールを投与し、その効果特定の実験に立ち会った伴繁雄氏の半生を追ってみたい。

伴氏は、一九〇六年年愛知県生まれ。一九二七年、浜松高等工業学校（現・静岡大学工学部）を卒業と同時に、陸軍登戸研究所の前身である陸軍科学研究所秘密戦資材研究室に入所している。

その理由を、敗戦直後、『高校生が追う陸軍登戸研究所』（赤穂高校平和ゼミナールほか編、教育史料出版会）の中で赤穂高校の生徒たちに語っている。

「当時、大学出の給料は七五円くらいだったが、科研は九〇円くらいだったし、好きな研究ができるから」

敗戦後、伴氏はアメリカ軍に登戸研究所の資料を提供することで戦犯を逃れている。伴氏だけでなく、登戸研究所の上級研究者たちも同じように戦犯を逃れ、戦後は研究者としてアメリカに渡った人たちもいる。

この事実を追ったのが、一九八七年に出版された『謀略戦――ドキュメント陸軍登戸研究所』（斎藤充功、時事通信社）である。本書によると、伴氏は一九五四年夏から一九五六年夏まで、横須賀の米軍基地に籍を置いている。また、一九五七年の夏から一九六〇年の夏までは、アメリカ・サンフランシスコに滞在している。伴氏は、米軍との関係を持っていたこの時代、どんな仕事をしていたのだろうか。

彼が戦後、別荘を持っていた長野県上伊那の赤穂で赤穂高校の生徒たちと知り合い、この子らに語っておきたいと、亡くなるまでの五年間に執筆し、二〇一〇年に発行された『陸軍登戸研究所の真実』（伴繁雄、芙蓉書房）のあとがきには、

「戦後の昭和二十一年（一九四六年）上伊那郡農村工業研究所を開き、所長。昭和二十五年（一九五〇年）大明化学工業（株）研究所所長兼技術部長、常務取締役、副社長を歴任。平成五年没」

とだけ記されている。

この章では、『陸軍登戸研究所の真実』、『謀略戦――ドキュメント登戸研究所』、『高校生が追う陸軍登戸研究所』、『私の街から戦争が見えた』（川崎市中原平和教育学級編、

教育史料出版）等を参考に、陸軍登戸研究所について探ってみたい。

果たしてそこに、ウサギは関係するのだろうか。

登戸研究所

私が神奈川県川崎市多摩区生田にある旧日本陸軍登戸研究所跡地に足を運んだのは、二〇一九年五月の連休中だった。

きっかけは、私が化学兵器（毒ガス）について調べていると言うと、知人から、

「旧陸軍登戸研究所があった川崎市の明治大学生田校キャンパスにある資料館へ行ってみたら」

と言われたことからだった。

資料館とは、明治大学平和教育研究所資料館のことである。そして、資料館の主催で「帝銀事件と登戸研究所」という講座があることもわかった。

早速、ＪＲ藤沢駅から小田急線に乗車、生田駅で下車した。

生田駅を出ると、どうやら私と同じ方向に向かっているらしい高齢のカップルの後を追って、明治大学の校門をくぐった。カップルに声をかけると、やはり私と同じ目的でやって来たことがわかった。

会場に着くと満席で、関心を持つ人が多いことにびっくりした。

講義は初めて聞くことばかりだったが、そこで、帝銀事件で使われた毒物が青酸ニトリールと呼ばれるもので、戦時中に登戸研究所で作られていたものであるということを知った。

現在、生田神社（明治大学敷地内）に建立されている登戸研究所跡碑

講座終了後、明治大学生田キャンパス内にある明治大学平和教育研究所資料館の見学にも参加して、偽札や風船爆弾などの展示を見た。講座の内容と共に、しっかり学習してからもう一度ここを訪れなければと考えながら帰路に就いた。

まずは、講座で紹介された資料を手に入れることにした。

『私の街から戦争が見えた』は、すでに私の本棚にあった。この本は地域の戦争体験の継承を目的にまとめられた本である。現在は自分たちが住む場所に戦時中存在した登戸研究所が、陸軍参謀本部直属の、「秘密戦」のための研究機関であったことが明らかになっていく内容になっている。「秘密戦」とは、戦争遂行のための宣伝・諜報・謀略の活動を指す。

この著がまとめられたのは、一九八九年。当時はまだ、実際に登戸研究所で働いていた人たちから直接話を聞くことができた。また、「雑書綴」が発見されたことも大きい。この「雑書綴」は、現在も資料館で展示されている。

この「雑書綴」を保存していたのは、研究所で資料をタイプしていた女性である。一九八九年に登戸研究所の関係者にアンケートを行ったところ、一人の女性が、

「私はタイピストをしておりましたので、今でも分厚い当時の資料を持っており、年金受給者に証明となるものを持っています」

と名乗り出たのである。

女性の名は、小林コトさん。

陸軍省軍務課は、登戸研究所に一九四五年八月一五日の早朝（午前八時三〇分）、特殊軍事処理要綱を通達。登戸研究所では、一切の資料を焼却・廃棄している。その際、小林さんが、練習用にタイプした雑記帳を自宅に持って帰りたいと頼んだところ、許されたというのである。


ここで、一つ疑問に思ったことがある。

『高校生が追う陸軍登戸研究所』によると、陸軍登戸研究所は、敗戦の前年一九四四年末に長野県に疎開した上で、翌一九四五年の一月から活動を始めている。つまり、一九四五年八月の敗戦時、陸軍登戸研究所の本当に重要な書類は疎開先の長野県にあったのではないだろうか。

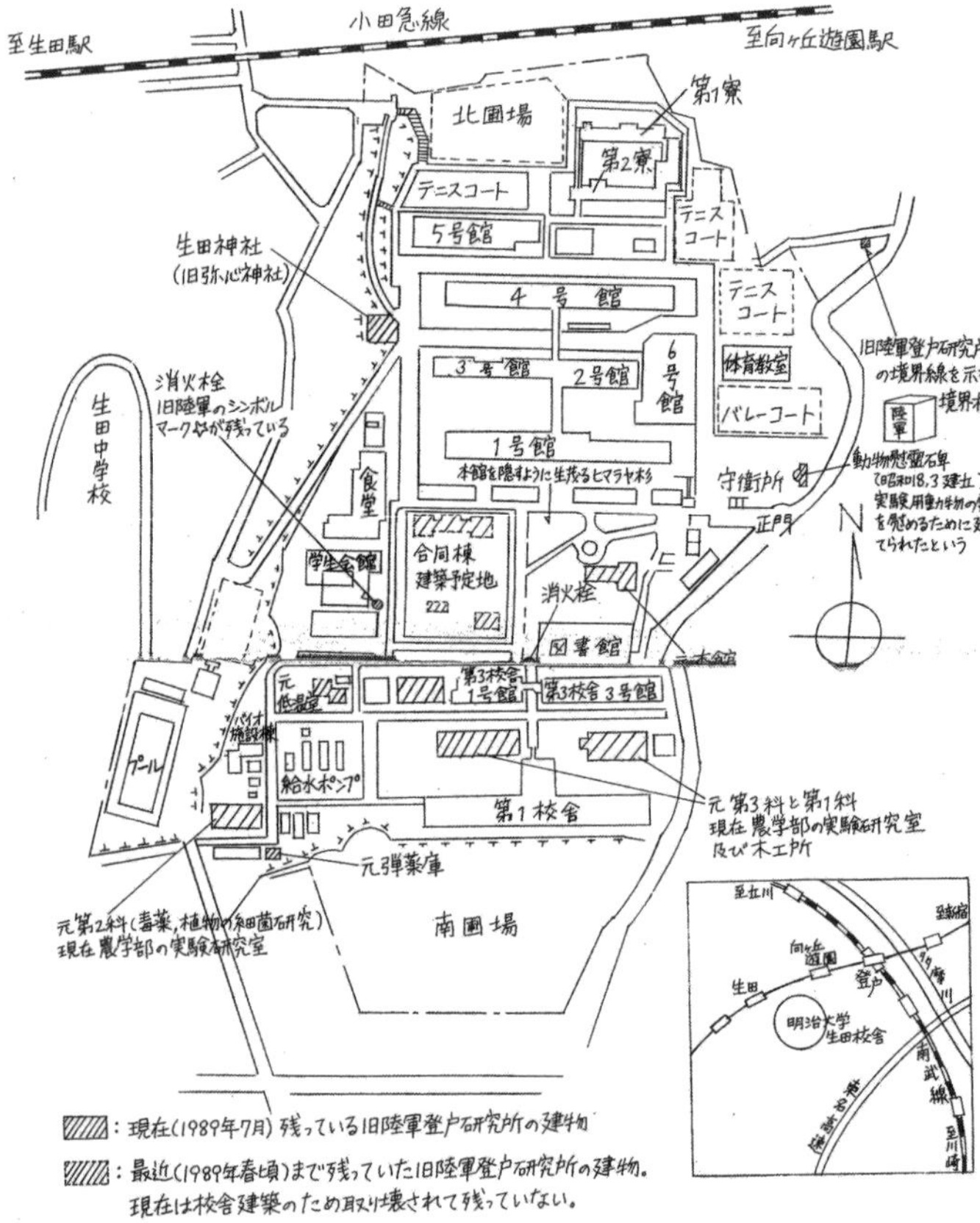

明治大学生田校舎配置図（1999年7月当時）

動物慰霊碑

生田の丘の上に建つ明治大学キャンパスの正門を入ると、受付の裏庭に大きな碑が建っている。高さは二メートル近い。

裏面に「昭和十八年三月」「登戸研究所」の文字が刻まれていることから、戦時中に建てられたことがわかる。戦時中になぜここまで大きな慰霊碑が作られたのだろうか。

まずは『陸軍登戸研究所の真実』（芙蓉書房出版）第四章「対生物兵器の研究」から、旧陸軍による対生物兵器研究の経過を追う。

旧陸軍が本格的に対生物兵器の研究を開始したのは一九三〇年。その後一九三二年、防疫研究室が生まれた。国内の有力研究者を総動員した細菌戦研究の頭脳的中枢部門であり、後の細菌戦部隊七三一部隊に繋がる。石井四郎もここに所属した。

七三一部隊は、満州のハルピンで一九四〇年に創設。石井四郎が部隊長を務め、戦闘拡大に伴って支部も設置された。ここでは、細菌戦兵器実用化のための各種実験と細菌

明治大学生田校舎の正門裏にある「動物慰霊碑」

の大量培養が行われた。

その他、一九三六年にも関東軍細菌戦部隊として、満州一〇〇部隊（関東軍軍馬防疫廠）が極秘裏につくられている。この満州一〇〇部隊の関係者らは、一九五〇年にソ連軍に捕らわれて、ハバロフスクで裁判にかけられている。同年モスクワで出版された『細菌戦用兵器の準備及ビ使用ノ兼デ起訴サレタ元日本軍人ノ事件に関スル公判書類』の、「ある部隊員による供述」は、満州一〇〇部隊の活動について次のように証言する。

「一九四四年八月―九月、研究員Mの指導の下に、第一〇〇部隊に於いて、ロシア人及び中国人の囚人七、八名に対する実験を行い、これらの生きた人間を使用して毒薬の効力を試験しました。即ち、私は、これらの毒薬を食物に混入し、之を以上の囚人達に与えたのであります」

登戸研究所では、一九四〇年から主に牛、馬、豚、家禽類を対象にした生物謀略兵器研究室が建設され、陸軍軍医学校のチフス菌やペスト菌を使って実験していた。敗戦末期には、対人生物兵器は七三一部隊、対動物用生物兵器は登戸研究所が受け持った。

それで、登戸研究所跡である現・明治大学キャンパス内には動物慰霊碑が建てられたのだろう。

私が登戸研究所の資料館に取材で訪れた時、この慰霊碑が建てられた経緯を資料館の職員に聞いてみたところ、資料室の展示ケースにある新聞記事に案内してくださった。

「この記事、昭和一八年四月一五日の朝日新聞ですが、登戸研究所が表彰された時のものです」

記事には、「東條英機陸相から有効賞授与」と説明書きが付いた大きな写真が載って

朝日新聞 昭和十八年四月十五日
戰ふ陸軍科學の殊勲甲 有功章授與式
世界に誇る大戰果
表彰に輝く戰士八十名
不可能を可能へ
科學技術者奮起せよ
陸相換發
東條陸相から有功章授與
遺兒和子さんの參列
光榮の日待たで斃れた太田氏
技術研究會 分科會開く
包裝奉仕に感謝

登戸研究所資料館に展示されていた朝日新聞記事（1943年4月15日付）

いる。

見出しには、「戦ふ陸軍科学の殊勲甲」「有効章授興式」と並んで、「世界に誇る大戦果」「表彰に輝く戦士八十名」とある。そして、

「昭和二年以来十数年、終始一貫研究を続行、苦心を重ねたが、その間発明考案せるもの約二百点、ついに○○戦（秘密戦）と答えるの体系を確立し、その技術的水準を諸列強の域達せしめたもの、戦力増強に寄与せること大である」

といった内容に続いて、金一封（二万円）が授与されたとの記述がある。職員の方が、

「この金一封の中から動物慰霊碑のお金が賄われたのではないですか」

とおっしゃるので、動物慰霊碑の設立が昭和一八年三月であることを指摘すると、「そ

うですよね」と首をかしげておられた。
その後、『陸軍登戸研究所の真実』内で、この金一封が「秘密資材、兵器の研究開発は爆発物のほか劇薬、毒物を取り扱うことが多く、事故による死者も出ていることから、敷地内に「弥彦神社」（現在、生田神社）を建てた」ことに使われたと記されているのを見つけた。

では、明治大学内の動物慰霊碑の建設費用はどのように賄われたのだろうか。推察にすぎないが、陸軍参謀本部直属だった登戸研究所では、その使途を明らかにすることなく軍事費を使用することができたのではないかと考えられる。これは、『陸軍登戸研究所の真実』に寄稿している渡辺賢二氏（法政大学第二高等学校教諭）の記述からも伺える。

登戸研究所の真実

ひき続き資料を元に、登戸研究所の真実に近づいてみたい。

陸軍登戸研究所は、一九三九年に帝国陸軍所管の研究機関として設立された。場所は、川崎市多摩区生田の小高い丘の上で、敷地は約一一万坪。陸軍中野学校、関東軍情報部、特務機関などと連携して、敗戦まで生物兵器、電波兵器、風船爆弾、中国紙幣の偽造など様々な謀略兵器を研究・開発していた。

現在、登戸研究所時代の建物は明治大学の校舎に建て替えられ、当時の資料を集めた明治大学平和教育登戸研究所資料館が隣接する。

私がこの資料館を訪れたのは二回程だが、キャンパスにいた学生にこの資料館について尋ねたところ、資料館がある場所は知っているが、「見学は一度もしたことがない」と言われた。

日露戦争のように「武力戦」中心だった戦争の形態は、第一次世界大戦からは「国家総力戦」へと大きく変わった。国家総力戦とは、武力だけではなく、戦略、経済、思想などを含めた、文字通り国力を総動員して戦う形態の戦争をいう。

日本陸軍が総力戦に着手したのは、第一次世界大戦の直後である。

陸軍火薬研究所が改編されて登戸研究所の前身「陸軍科学研究所」が発足したのも、

一九一九年四月のことである。登戸研究所の所員には、理科、工科系諸学校から多数の有能な人材が専門分野別に集められた。また、日本のトップクラスの大学教授や民間企業の技師、研究者も嘱託として参加した。所長は篠田鐐少将（当時）で、秘密戦科学を育てたと言われる人物である。敗戦後、篠田氏は巴川製紙所に技術顧問として入所、社長を務め、日本の製紙・繊維技術の最高権威者としても高名だった。

総力戦に欠かせないのが、「スパイ作戦」である。登戸研究所では、防諜、諜報、謀略、宣伝の四つに大別される兵器・資材の開発研究が進められた。

情報を獲得、収集し、分析、評価、判断するのに必要なのが、諜報器材の開発である。有線無線通信の傍受や盗聴録音等を行うための器材や、各種秘密通信法や暗号の解読考察、統計調査や信書の開封・還元といった文書諜報のための器材が作成された。

具体的には、あぶり出しや水出し法を使った、「普通型秘密インキ」の研究である。これは、秘密インキと呼ばれた。あるいは、切手の裏面に隠された文字や暗号を、切手を破損することなく解析するといった研究や、スパイ用の極少カメラ（服のボタン等）の作成も行われた。カバン型カメラやライター型カメラもある。憲兵隊が所持する、スタンガンのような器具についても研究開発している。

謀略器材の研究・開発については登戸研究所の最大の研究テーマだった。爆破、殺傷、放火、細菌、毒物などについての研究である。たとえば、破壊謀略器材（爆破および殺傷器材）として、缶詰型弾が研究開発された。放火謀略器材として、火炎瓶や万年筆型破損型殺傷器などもある。それぞれ、実際の使用の程度は少なかった。

これらの防諜器機を使用するスパイ養成の役目を負ったのが、陸軍中野学校である。伴繁雄氏も、中野学校の教官として指導していた。

中野学校が、登戸研究所と表裏の関係にあったことが分かる。

また、登戸研究所の研究で見逃せないのが、二科の毒物謀略兵器の研究・製造である。この二科一班を担当したのが、伴繁雄氏（一九〇六年～一九九三年）であった。

ここで、伴氏たちは未知の毒物の研究開発を行った。トリカブトやハブ、ガラガラヘビ、フグ毒などの生物毒や亜、硫酸、シアン化合物、塩素ガスや化学兵器のホスゲン、イペリット等々がその対象となった。

ここでは、飲んでも疑われない毒物の開発などに成功している。これは、コーヒーや菓子、果物、医薬品に混入しても使用できる毒物であり、新しい青酸化合物の発見であった。この新製品は、青酸と溶剤のアセトンを主原料としたものに青酸カリを加えたもので、青酸ニトリール（アセトンシアンヒドリン）と呼ばれた。

青酸ニトリールは、人体実験も行われた。

人体実験の実験者は、南京の中央支部防疫水部の軍医であり、登戸研究所の研究員もこれに立ち会った。

一九四一年五月頃、二科長の畑尾中佐を長として、伴氏を含む計七名が、篠田所長から南京出張を命じられている。陸軍参謀本部の命令ということになる。

被験者は、中国軍の捕虜や一般死刑囚約一五、六名。実験のねらいは、青酸ニトリールを中心に、致死量の決定、症状の視察、青酸カリとの比較だった。

伴氏は、この忌まわしい事実を『陸軍登戸研究所の真実』において明らかにし、実験の対象になった方々の冥福を祈りたいと書き綴っている。

「ふ」号作戦

登戸研究所で製造された青酸ニトリールを使った満州における人体実験に、伴繁雄氏を含む登戸研究所の研究者が立ち会ったことは前述の通りだ。

『陸軍登戸研究所の真実』の「諸地域への出張報告」を読むと、伴氏は一九三一年の満州事変以降、中国だけではなく、インドシナやシンガポール、インドなどへも出張していることがわかる。主に中野学校の教え子たちへの謀略（スパイ）指導や情報収集などが目的であったようだ。このことは、登戸研究所が、単なる謀略器機の研究・開発だけではなく、日本の侵略戦争により深く関わっていたことを示している。

中でも、中国での経済かく乱の手段としての偽造紙幣製造の研究と使用は、日本の印刷技術を大きく進歩させたと言われている。

また、関東軍との結びつきも強く、篠田少将と組んでの諸外国での活動が幅が広いのには驚くばかりである。登戸研究所は、日本陸軍の中心的機関、心臓の役割を担っていたことがわかる。

特に一九四二年六月のミッドウェー海戦で大量の戦艦や飛行機を失い、同時に太平洋上の日本軍が占領していた島々を失って以降は、登戸研究所は次なる兵器の研究に指導的役割を果たしていたのではないかと思われる。

その一つが、「ふ」号作戦と言われた「風船爆弾」の研究開発である。

海軍も同様の研究を行っていたが、海軍は「羽二重の布地にこんにゃく糊」、陸軍は「和紙にこんにゃく糊」と、別々の手法を用いている（海軍はのちに羽二重の布から「和紙」に変更している）。

陸軍海軍共に、風船爆弾を細菌兵器として実際に使用することはなかった。だが、アメリカ本土を攻撃した風船爆弾は、心理作戦としては十分な効果を発揮した。

風船爆弾については、私も『女子挺身隊の記録』で、次のように紹介している。

風船爆弾は、直径約一〇メートルの有圧気球に爆弾や焼夷弾、バラスト（砂袋）、自動高度調節器をつけて、太平洋上の偏西風を利用してアメリカ大陸に飛ばされたものである。だが、偏西風は一一月から四月にかけて吹くので、実際にアメリカへ到着する確率は低かった。

この風船爆弾は、陸軍の登戸研究所を中心に開発され、東大航空研究、中央気象台のほか、メーカーでは精工舎、藤倉工業、国産科学、中外火工、横河製作所、久保田無線、三田無線所などが協力している。

陸軍の風船爆弾に使われた和紙は、埼玉の細川紙、鳥取の因習紙、岐阜の美濃紙、八女の筑後紙などで、和紙生産地や学校工場で、動員された女子学徒や女子挺身隊が組み立て作業を行った。造兵廠だけではなく、浅草国際劇場や東宝劇場、宝塚劇場、日劇、国技館などでも作られた。

完成した風船爆弾は、千葉県赤塚にあった陸軍補給省へ集められ、発射基地へ送られた。発射基地は千葉県の一宮、茨城県の大津、福島県の勿来《なこそ》の三か所であった。

一九九七年当時、相模海軍工廠の元海軍技術少佐、鳥潟博敏氏（白鷗大学名誉教授）からも風船爆弾についてお話を伺った。

鳥潟氏は戦後、京都大学へもどり、天然高分子物質の研究論文から三菱レイヨンへ入社。人造繊維の研究から、アセテート、アクリロニトリル繊維、炭素繊維の製法をそれそれ確立された、世界的に有名な方である。炭素繊維は現在、航空機や工業製品、スポーツ用品等、各方面で使われている。

鳥潟氏は、

「戦後の私の研究は、コンニャク糊と和紙で作った風船爆弾に端を発しているのですよ」

とおっしゃっていた。

そして、アメリカに実際に辿り着いた風船爆弾の数について、アメリカの資料を見せていただいた。その数、二八五発という。

「風船爆弾がアメリカを攻撃——第二次世界大戦における日本の爆撃」というその資料によると、風船爆弾が辿り着いたのはアメリカ本土だけではなかった。二八五発の内訳は次の通りである。

アラスカ（アリューシャンを含む）　二四発
カナダ　五九発
メキシコ　二発

アメリカ（アリゾナ、コロラド、アイオワ、ミシガン、ネブラスカ、ノースダコタ、サウスダコタ、ユタ、ワイオミング、ハワイ、マニトバタ、サスカッチェワン、ユーコンテリトリ、カルホルニア、アイダホ、カンサス、モンタナ、ネバダ、オレゴン、テキサス、ワシントン）　一九〇発

その他　五発

合計　二八五発

風船爆弾はレーダーで察知することが難しいので、空中で撃ち落とすことも難しい。また、風船爆弾に細菌などが内包されていることも想定し、アメリカでは医師が大々的に動員されたという。

オレゴン州では、この風船爆弾で亡くなった方たちもいる。

一九四五年五月五日、オレゴン州の小さな山中の村で、ピクニックに出かけた牧師夫人の若い女性と五人の子どもたちが犠牲になった。女性は妊娠中だった。

一九九六年、学徒動員で風船爆弾を作っていた八女市の女性たちが、このオレゴン州ブライのギャハート山にある犠牲者の慰霊碑を訪れている。「夏の風船アメリカツアー」

という、慰霊の旅だったようだ。

「く」号研究

微生物を使った兵器の研究も、登戸研究所の二科の六班が行った。

これは植物謀略兵器と呼ばれ、植物や農作物、果樹に対して、細菌やウイルス、破壊菌などの微生物を使って、大きな被害を与えるものだった。また、キノコ栽培の実験も行われた。中国の作物に被害を与えようとして、ニカワメイチュウとよばれる害虫の研究も行われた。

『陸軍登戸研究所の真実』においてウサギを発見したのは、「く」号研究と呼ばれる「電波兵器の研究」においてであった。伴氏ではなく、一科に所属していた山田恵蔵氏寄稿の文章である。

山田氏は、一九三五年に陸軍科学研究所に入所してから敗戦までの一〇年間、登戸研究所に勤務している。そのうち約六年「く」号研究（怪力電波研究）をしている。

「く」号とは、戦局を一挙に導く秘密兵器（決戦兵器）で、「くわいりき（怪力）線」の「く」である。

研究では、開発された超短波が人間を殺すことができるかを調べるために、動物を使った実験が行われた。五メートル波で出力五〇〇ワットの発電機を使い、電界内で竹製の鳥かごに入った小動物にどのような影響があるかを実験した。ネズミやモルモットは二分以内で殺すことができた。ウサギは四分から五分で殺すことができたという。こうした動物実験をふまえて、殺人兵器にすることができるかが、残された課題となった。

この「く」号研究は、敗戦まで続けられて、敗戦の年には波長八〇センチ、出力五〇キロワットを発振させ、一〇メートルの距離からウサギを数分間で殺すことができるようになったという。

「セッコのウサギ」は、超短波の実験にも使われていたのである。

ウサギの次はもっと大きな動物へ、そして人体実験へと発展していくのが、戦争というものなのだろう。

登戸研究所の疎開と戦後

一九四四年九月になると、登戸研究所があった川崎市生田も、米軍機による機銃掃射を受けるようになる。そこで、陸軍参謀本部から登戸研究所へ疎開の命令が下った。四科は長野県の伊那谷（現・駒ヶ根市）、上伊那郡の宮田村、伊那村、飯島村へ。四科は、中沢村（現・駒ケ根市）。三科は、福井県武生町の製紙会社と合同で斥候して疎開先を決めた。一科と四科は、兵庫県水上郡小川村（現・山南町）へ。本部は中沢村国民学校（現・駒ケ根市立中沢小学校）に設置された。

敗戦後、アメリカ軍は早速、登戸研究所の疎開先にまで足を運んで接収を行っている。登戸研究所の本部があった長野県の中沢村（現・駒ケ根市）にも、敗戦の二か月後、一〇月にはアメリカ軍がやって来て、中沢村役場の人たちとの記念写真も残っている。

この写真を探し出したのは、神奈川の法政二校の生徒と一緒に、登戸研究所について

件の写真は『高校生が追う陸軍登戸研究所』カバー書影にも使われている

『高校生が追う陸軍登戸研究所』をまとめた長野県赤穂高校生たちだった。

彼らは、登戸研究所第二科長の山田桜大佐を中心に、和服姿の五名の若い女性たちが進駐軍（当時、占領軍の連合軍）の兵士たちと笑顔で写っているこの写真を「不思議に思った」と記している。

確かに、そうである。

八月一五日までは敵軍であった連合軍（米英軍など）と、敗戦となるやいなや、笑顔で記念写真を撮っていることを不思議に思うのは当然だ。

実は、私も同じような体験をしている。

敗戦直後、私が育った岐阜県大垣市の市役所にも進駐軍がやって来ることになり、父親が通訳を頼まれた関係で、当時六歳だった私も和服を着せられて歓迎の式典に連れて行かれた。

私は、やって来た進駐軍の兵士に抱き上げられた。あの時の地面から足が離れる感触は、恐怖も伴って、私の記憶の中に深く刻まれた。その後も、進駐軍がやってくるたびに、日本舞踊を習っていた私は、進駐軍の兵士たちの前で踊って見せた。

敗戦国となった日本は、自分たちに敵意がないことを表わしたのだろうか。少なくとも、こうした「進駐軍歓迎！」ムードは、敗戦直後の八月一七日に東久邇宮内閣が各都道府県宛に占領軍慰安施設を作るよう通達を出したこととも無関係ではないだろう（拙著『敗戦秘史　占領軍慰安所——国家による売春施設』新評論）。

長野県下伊那の登戸研究所疎開先にやって来たのは、CIC（対敵諜報部隊）だった。CICは、占領当初はGHQ直属の機関として日本統治に必要な情報収集および戦犯氏名人の摘発を行っていたが、一九四六年五月にはGHQの参謀第二部に吸収されている。

この際、登戸研究所第二科のメンバーだった山田桜大佐や伴繁雄氏もＧＨＱに召喚されたが、登戸研究所の技術資料をアメリカ軍に提供することで東京裁判での戦犯を免れたことは前述の通りだ。

アメリカへ渡って登戸研究所時代の研究を続けた技術員もいる。彼らの技術は、朝鮮戦争やベトナム戦争に利用されたともいわれる。前述の通り、ベトナム戦争で使用された枯葉剤（ダイオキシン）は、登戸研究所でも研究されていた。

戦後、アメリカ軍基地で働いたり、アメリカに渡った登戸研究所の技術員を追った『謀略戦——ドキュメント登戸研究所』（時事通信社）を参考に、彼らを探ってみたい。

一九四四年一〇月当時、確認された登戸研究所の生存者は三八六人いた。

登戸研究所で偽札をつくっていたＡ氏は、敗戦後米軍に雇われて登戸研究所時代の技術の提供（紙質の分析と繊維分析、印刷インキの分析）をした。彼が横須賀の米軍基地で働き始めたのは一九五〇年頃からで、ちょうど朝鮮戦争の開戦時期である。

Ａ氏は、

「一緒に働いたアメリカの技術者は、自分を敗戦国民と見下すことなく、パートナーとして遇してくれた」
と語っている。
B氏も他の登戸研究所時代の技術者と共に、横須賀の米軍基地で偽造の仕事をしていた。中共、北朝鮮、ソ連軍の軍隊手帳や身分証明書、その他の文書を作成したという。こちらも、完成品は朝鮮戦争に使われたものと思われる。

彼等は、自分の技術がどのように戦争に利用されたのかを知ることはあったのだろうか。

ベトナム戦争で使われた枯葉剤（ダイオキシン）は、子どもたちの代にわたって大きな戦争被害を与え続けている。

神奈川新聞（二〇一九年一一月八日付）には、「枯葉剤被害者施設」の記事が掲載されている。ベトナムでは、親や祖父母が、ベトナム戦争時代（一九六一年～一九七一年）に枯葉剤（ダイオキシン）を浴びたり、枯葉剤の散布地域で活動していたりしたことで、重い障害を持って生まれて来る子どもたちが後を絶たないという。その被害者は、三〇〇万人とも言われている。

アメリカにおいても、枯葉剤の散布に従事した兵士たちがダイオキシンの影響で身体に傷害を受けていることが、ジョン・ミッチェル著『追跡・沖縄の枯れ葉剤』でも指摘されている。

化学兵器のダイオキシン（枯葉剤）に登戸研究所の研究が関係しているとすれば、ベトナム戦争への日本の責任は重い。

七三一部隊のその後

登戸研究所と深い関係を持っていた七三一部隊のその後についても探ってみたい。

七三一部隊といえば、石井四郎隊長、「人体実験」、「悪魔の飽食*」などのキーワードを思い浮かべる方も多いだろう。

＊森村誠一が赤旗記者の下里正樹との共同取材に基づいて七三一部隊を扱ったノンフィクション作品

陸軍第七三一部隊の正式名称は、関東軍防疫給水部。一九三六年、ソ連に対抗するための細菌兵器の開発を目的として、ハルピンを拠点に設けられた陸軍の研究施設である。石井四郎隊長の出身大学である京都帝国大学（現京都大学）をはじめ、東京帝国大学などからエリート研究者が集められ、中国人や満州人、ロシア人捕虜を使った人体実験や生体実験などが行われた。

医学部、薬学部、獣医学部などのエリート研究者が集められた背景には、各大学の戦争協力、すなわち見返りとして、軍部から各大学への多額な研究費用の援助があったと指摘されている。

サルが頭痛を訴える

月刊誌『世界』（二〇一九年八月号）において、毒ガス研究者の松野誠也氏が、日中戦争の際派遣された迫撃大隊（毒ガス部隊）の戦闘詳報などの資料を発表した。マスコミでも大きく取り上げられたので、覚えておられる方もいるだろう。

前述の通り、敗戦後、七三一部隊に関する資料は戦犯逃れのためにアメリカに提供されてしまったことで人体実験などに関する事実が闇に葬られただけに、松野氏による記事は注目された。

現在、松野氏が発表した資料のほか、敗戦から五年経った一九五〇年に旧ソ連のモスクワで開かれた七三一部隊の裁判資料からも、七三一部隊の全容がわかりつつある。その中で、七三一部隊は、人体実験や生体実験を行っただけではなく、実際にペスト菌や赤痢菌を、少なくとも三回は、中国本土において散布したことが判明している。

加えて、『戦争と医の倫理』(「戦争と医療の倫理」の検証を進める会編、三恵社)の中でも指摘されているように、一般の隊員たちが戦後の生活に苦労した一方、人体実験などを行った医師たちは、戦後の医学界で重要なポジションを得ていったことも見逃せない。

石井四郎隊長率いる七三一部隊は、敗戦前の八月上旬に研究を行なっていた建物を爆破して、医師五三人は飛行機で帰還、その他の一般職員たちは特別列車で日本に帰国した。帰国した医師たちの「その後」の一例をあげると、

戸田　正三(初代金沢大学学長)

田中　英雄（大阪市立大医学部部長）
田部井　和（京都大学医学部、兵庫医大教授）
所　安夫（東大病理学、京大医学部部長）
内藤　良一（ミドリ十字会長）
中黒　秀外之（陸上自衛隊衛生学校校長）
細谷　省吾（東大伝染病研究所教授）
増田　美保（防衛大学教授）
湊　正男（京大医学部）
村田　良助（予防研第七代所長）
八木沢　行正（日本抗生物質学術協議会理薬品事）
山口　一孝（国立衛生研究所）
吉村　寿人（京都府立医大学長）
石川　太刀雄丸（金沢大医学部部長）
柳沢　健（予防研第五代所長）
田宮　猛雄（東大医学部長、日本医学会会長。第二代日本医師会会長）

園口　忠男（陸上自衛隊衛生学校、熊本大、予防衛生研究所）
安東　供次（東大伝染病研究所、武田薬品顧問）
緒方　富雄（東大医学部教授）
岡本　耕道（兵庫大、東北大、近大医学部教授）
小川　透（名古屋市立大学医学部教授）
笠原　四郎（北里研究所病理部長）
春日　忠善（北里研究所）
北野　政次（ミドリ十字取締役）
木村　兼（名古屋市立大学学長）
草味　正夫（昭和薬科大学教授）
小島　三郎（予研第二所長）
正路　輪之介（初代兵庫県立薬科大学（現神大医）学長）
園口　忠男（陸上自衛隊衛生学校、熊本大）
（『戦争と医の論理』八五頁）

陸軍軍医学校防疫研究報告掲載論文をそのまま京都大学に学位論文として提出し、受理された者もいたようだ。

中日新聞が、二〇一八年八月一九日号と八月二六日号の二回にわたって、「京大の『七三一部隊』論文疑惑」と題した記事を載せている。見出しには、「人体実験？ 認めるか」の文字が大きく躍っている。

記事によると、「敗戦後、七〇年を過ぎた現在、反軍事」を唱える京都大学だが、「戦後、軍医ら約一〇人が七三一部隊の実験を元に京都大学へ論文を提出して学位を授与されている」ことを検証して欲しいと、京都大学出身の元京都府立大学学長、名古屋大学名誉教授、関西大学名誉教授らが訴えたという内容だった。グループの名前は、満州第七三一部隊軍医将校の学位授与の検証を京大に求める会（略称「求める会」）である。

京都大学は、七三一部隊の石井四郎の出身校でもあり、京大関係者の多くが七三一部隊で人体実験などに従事していた。

「求める会」は、二〇一八年七月二六日の記者会見で次のように主張した。

問題の論文は、平沢正次陸軍軍医少佐が一九四五年に博士号を授与された「イヌノミノペスト媒介能力についての実験的研究」である。

この論文中の「サル九匹にイヌノミを感染させた実験」の「サル」は「人」ではないかという主張だった。この論文中に「サルが頭痛、高熱、食思不振を訴えた」と記録した項があるが、サルが頭痛で苦しんでいることを、どう表現するのか。また、「感染したサルが三九度以上の熱を五日間持続」したのをどう観察するのか。サルは人より平熱が高いのに、三九度以上の「高熱」を五日間持続したということも不審な点である。

その後、八月二六日付の記事では、七三一部隊の研究で知られる神奈川大学名誉教授の常石敬一氏も、「七三一部隊員の研究論文が、敗戦の一九四五年八月一五日を期して微妙に変化している」と指摘している。

京都大学は、二〇一九年三月に次のような回答を発表した（東京新聞、二〇一九年三月二日付）。

軍医が何らかの指標によって、サルの頭痛を判断したと推察できるとして、「特殊実験の動物がサルであることを明確に否定できるほどの科学的合理的理由があるとは言えない」とし、「本調査をしない」と結論付けたのだ。

「求める会」は、サルの頭痛を判断した基準は論文中に示されておらず、推察を理由に調査しないのはおかしいと批判している。

一方、七三一部隊の人体実験を拒否した医師もいた。

毎日新聞（一九八六年九月一一日付）に「若き日の私――上官命令の人体実験を拒否」と題した記事が掲載されている。

生理学者の横山正松氏は、北京の甲一八五五部隊に軍医として召集された。そこで上官に、腹部に銃弾を受けた際の治療薬の開発をするために、中国人捕虜を使って銃で腹部貫通実験（人体実験）をするよう命じられたので拒否したところ、銃弾が飛び交う戦争の前線に飛ばされたという。

この記事を読んで、戦後、私の祖母から聞いた話を思い出した。

私の父方の叔父、萩野利勝（一九一八年生まれ）は、東大医学部の大学院で解剖学を研究していたところ、指導教官に「ドイツへ行って欲しい」と言われ、拒否したという。叔父は一九四〇年に敦賀歩兵隊に入隊、翌年には北支派遣田中隊に編入、一九四四年五月一九日にインパール作戦で戦死するまで軍人として戦地で戦っている。

叔父はなぜ、ドイツへ行くことを拒否したのだろう。解剖学が専門だった叔父は、一体何を求められたのだろうか。

合唱組曲「悪魔の飽食」

今回の取材で私は、合唱組曲「悪魔の飽食」（森村誠一原詩、池辺晋一郎作曲）が全国で歌われていることを知った。

この合唱組曲「悪魔の飽食」が誕生したいきさつを、『炎と涙のそこから――鎮魂と再生のハーモニー』（神戸市役所センター合唱団編、かもがわ出版）から紹介したい。

合唱組曲「悪魔の飽食」が誕生したきっかけは、神戸市役所センター合唱団が一九八二年二月に企画した、森村誠一氏の講演会「平和を考える音楽と講演の夕べ」が成功したことにある。この講演会の後、多くの人たちに日本軍による中国での非人道的な人体実験への加害責任を知って欲しいという願いから、「悪魔の飽食」を合唱曲にするべく、同合唱団が森村誠一氏に作詞を依頼した。

出来上がった歌詞は、「エピローグ七つの重い鎖」に始まり、「生体の出前いたします」「赤い支那靴」「反乱」「三十七年目の通夜」「友よ白い花を」「君よ目を凝らしたまえ」の7部立て。被害者への鎮魂と加害責任を忘れない！　という強い意思の伝わる内容となった。

その後、一九八四年三月に作曲家の池辺晋一郎氏との出会いから曲が作られて、第一回目のお披露目コンサートが同年一〇月三〇日に神戸文化市民ホールで行われた。会場は一二〇〇人の観客でいっぱいとなった。

初演から九年後の一九九三年には、神戸文化大ホールで池辺氏の指揮でオーケストラと二〇〇人の合唱によるコンサートが実現、一七〇〇人の聴衆が集まった。

その後、一九九四年には、非核の国ニュージーランド公演も成功させ、一九九八年八月には、七三一部隊があった中国のハルピンでも公演を行っている。ここでは合唱団と人体実験の被害者家族との出会いもあったようだ。

現在は、各都道府県ごとの「悪魔の飽食」を歌う合唱団の活躍もあり、年一回、全国大会も開かれている。

第四章　遺棄された化学兵器

夏休みのある日

ウサギと化学兵器をめぐる旅のなかで出会った、『ぼくは毒ガスの村で生まれた。――あなたが戦争の落とし物に出あったら』（吉見義明監修、合同出版）という書籍は衝撃的であった。

二〇〇四年の夏休みが始まったばかりのある日、中国東北部にある吉林省敦化《とんか》市で、当時一三歳の周桐君と、友達で当時九歳の劉浩君が川遊びをしていたところ、土手に鉄の塊が刺さっているのを見つけた。

周君たちは「何だろう」と、その鉄の塊を引き抜いてみた。

その錆びた鉄の塊は近くの河原へ運ばれた。表面についたサビを小枝でそぎ落とし、穴にたまっていたドロをかきだしたところ、中から黒い液体が飛び出した。それは傍にいた劉君の足にかかった。劉君は足にかかったドロを手でこすったので、液体は手にもついてしまった。

一方の周君は、その鉄の塊を、今度は向こう岸に運ぼうとして抱きかかえたので、周君の太ももにも同じ液体が付着した。

「夕方、家に帰った二人は、激しい痛みに襲われました。黒い液体がついた皮膚は腫れ上がり、大きな水ぶくれができました。その水ぶくれが破れると、そのあとは真っ黒になりました」

周君と劉君が出くわした鉄の塊は、戦時中に日本軍が使用した化学兵器、イペリットとルイサイトを混合した大砲の弾だったのである。

イペリットは、その臭いからマスタードガスと呼ばれていた毒ガスで、皮膚に付着すると、びらん、潰瘍といった症状を繰り返す。吸い込むと慢性気管支炎や肺気腫を引き起こし、死に至らせる毒ガスの一種である。

日本軍が、満州国でこの毒ガスをつくっていたことは前述の通りである。

当時の日本陸軍は、周君たちが住んでいた吉林省だけでなく、現在の韓国、北朝鮮、北は中国東北地方、南は東南アジアまでの、驚くほどの広い範囲を占領していた。

実は、周君たちの身に起こった事件から一年前、二〇〇三年の八月四日には、中国黒竜江省チチハル市で大きな事件が起こっている。

団地の地下駐車場を建設中に、五つのドラム缶が発見された事件だ。パワーショベルの歯がドラム缶に刺さると、中から液体が流れ出した。周辺にはカラシのような臭いが立ち込めた。マスタードガスである。その辺りの土は、しっとりして扱いやすかったという。

そんなことを知らない作業員の丁樹文さんは、掘り出された五本のドラム缶を廃品業者に売ることに決めた。ドラム缶は、廃品業者の李貴珍さんが約三〇〇〇円（二〇〇元）で買い取った。李さんは素手でドラム缶を自分の車に積み込んだので、手に毒ガスがつき、その手でお札を数えたので、お札にも毒ガスが付いた。お金を受け取った丁さんも、お金をズボンのポケットに入れたので、毒ガスはズボンを通して丁さんの太ももにもついてしまった。

ドラム缶を売った丁さんは、昼頃になると、目の痛みや皮膚の赤い湿疹を訴え、大きな水疱ができた。ドラム缶を買った李さんの方は、その後亡くなってしまった。

日本軍が遺棄した毒ガスの被害者が、戦後六〇年以上経ってから出ていることに、私は大きなショックを受けた。

中国政府が、日本軍が遺棄した毒ガスについて初めて公式に発言したのは、一九八七年のジュネーブ会議であった。一九九二年二月には、同じジュネーブ会議で、中国が「日本軍が残した毒ガス兵器によって、二〇〇〇人以上の人たちが毒ガスの被害に遭っている」という報告書を出している。

この頃から日本政府と中国政府の間では、毒ガス兵器処理問題の会議が始まった。具体的な方法が話し合われるようになったのは、一九九六年に日中共同作業グループ会合が設置されてからのことである。

そして一九九七年、化学兵器禁止条約が発効された。この条約の中には、「毒ガス兵器を残してきた国は、いまからでも、責任を持って処理しなければならない」という条項が入っている。

この化学兵器禁止条約の正式名称は「化学兵器の開発、生産、貯蔵及び使用の禁止並びに廃棄に関する条約」である。

この条約の発効によって、日本は、一〇年以内（二〇〇七年まで）に、兵器製造施設と、外国に残した化学兵器をすべて廃棄する必要が生じた。戦時中中国に残してきた毒ガス兵器についても、責任を持って処理しなければならなくなったのである。

この条約を受けて、一九九九年七月、日本政府と中国政府の間で「中国における日本の遺棄化学兵器の廃棄に関する覚書」が結ばれ、処理する場所、対象、スケジュール、環境、安全問題などが決められた。

そして、二〇〇〇年から遺棄化学兵器処理事業が始まった。

遺棄された化学兵器

日本軍が中国に遺棄してきた化学兵器は、どのくらいあるのだろうか。

日本政府は中国政府の協力の下、二〇〇〇年から遺棄された化学兵器の処理事業を始めて、二〇一八年三月までに、六万三〇〇〇発を回収・保管しているが、中国各地には

▲＝今後予定されている発掘・回収事業（外務省調査を含む）

●＝発掘・回収済み（外務省調査を含む）

遺棄化学兵器発掘・回収作業地域

（内閣府ホームページ：http://wwwa.cao.go.jp/acw/jigyobetsu/jigyobetsu.html#sec3）

未だ三〇万発以上の化学兵器が遺棄されているという。

発掘・回収された化学兵器の種類は、マスタード・ルイサイト、ホスゲン、シアン化水素、ジフェニルシアノアルシン、ジフェニルクロロアルシン、クロロアセトフェノン、トリクロロアルシン等、多種である。

戦時中の日本軍における中国での化学兵器使用の実態はどうであったか。

一九四二年五月、河北省定南県北胆村（北瞳村）を日本軍が襲い、約四〇〇人の軍民（八路軍）や村人を虐殺した事例がある。

北担村は平地で逃げ場がないので、村の外に通じる地下道が掘られ、日本軍が襲ってきたら、地下道をつたって村の外に逃げようと計画していたところ、五月二七日に日本軍がやって来るという情報がもたらされた。そこで、村の周囲に地雷を埋めて日本軍をくい止め、中国の軍民と民兵、合わせて一〇〇〇人ほどは地下道にもぐって襲撃することになった。

当日、装備で日本軍に劣る中国軍は、次々と地下道に逃げ込んだ。いっぱいになったところを、日本軍が毒ガスを使って攻撃。苦しくて地上に這い上がって来る中国兵たちを日本軍が銃剣で刺した。こうして、軍民や村人たち一四〇〇人が、毒ガスで殺された。

この北担村の戦いは、『日本軍毒ガス作戦の村――中国河北省北但村で起こったこと』（石川英彰、高文研）によると、日本軍の記録（文書資料）にも残っていて、生き残った中国人たちの証言もあり、日本軍がジュネーブ条約に違反した作戦を行なっていたことは確かである。

裁判

遺棄された化学兵器の問題に取り組んでおられる南典男弁護士からお話を聞くために、私は東京の新宿区にある弁護士事務所を訪ねた。

そこでいただいたのは、中国の被害者の方々が日本政府を相手に、遺棄された化学兵器による被害を日本の裁判所で訴えた裁判資料だった。

この裁判についても紹介したい。

第一次訴訟

「松花江紅旗〇九号事件」

一九七四年、黒竜江省の松花江という川の浚渫《しゅんせつ》＊作業中、紅旗〇九号という船のポンプが毒ガス弾を吸い込んだ。それが原因で作業員は毒ガスに触れることになり、作業員たちは健康を害され、仕事もできなくなって生活の基盤を失い、経済的に困窮した。

＊港湾・河川・運河などの底面を浚《さら》って土砂などを取り去る土木工事のこと

「牡丹江市光華街事件」

一九八二年七月、黒竜江省牡丹江市光華街での下水道工事中、掘り出されたドラム缶の栓の部分に作業員がツルハシを降ろした際、ガス液が流れ出し、周囲にいた作業員が被害にあった。

第一次訴訟（東京地裁）では、日本政府に責任があるとして、原告らに総額一億九〇〇〇万円を支払うよう言い渡され、原告の勝訴となった。日本のマスコミは「毒ガス被

害　国に責任」（毎日新聞、二〇〇三年九月三〇日付）等と報じた。

弁護団（中国人戦争被害賠償請求訴訟弁護団）は、当時の内閣総理大臣小泉純一郎氏に対して、「中国国内に日本軍が遺棄してきた毒ガスに対して政府は早急に調査して除去し、被害に遭った中国人に対して医療ケアをするとともに、真摯に謝罪をして、生活の保障をするように」との要請書を提出している。

第二次訴訟

「黒竜江省師範専科大学事件」

一九五〇年、チチハル市にある師範学校の校舎建設中、毒ガスの入ったドラム缶が掘り出され、中身の鑑定を依頼された化学の教師が被害に遭った。

「黒竜江省で農民が毒ガスの液を浴びた事件」

一九七六年、黒竜江省の龍泉鎮衛生村の鉄工場で切断途中の砲弾から毒ガスが流れ出し、農民が被害に遭った。

「黒竜江省チチハル市内で毒ガス調査中に起きた事件」

一九八七年、チチハル市フラルキ区のガス会社の敷地内からドラム缶が見つかり、中身を調査することを依頼された医師、李国強さんが被害に遭った（戦時中、この発見現場場所から北に約三キロのところで、関東軍化学練習隊五二六部隊が毒ガス兵器使用の訓練をしていた）。

この第二次訴訟では、東京地裁は「日本政府に罪はない」と訴えを退けた。判決はまったく異なったが、「事故は、日本軍が遺棄した化学兵器によるもの」とする事実認定については第二次訴訟と共通している。原告は、直ちに東京高裁に控訴したが、「予見は不可能」などの理由で、中国の毒ガス被害者への日本国の救済が認められることはなかった。

第三次訴訟

「チチハル事件」

旧日本軍による占領の中枢となった地域では、特に多数の被害者を生み出した。

二〇〇三年八月四日、チチハル市の中心に位置する団地の地下駐車場工事現場から、五本のドラム缶が発見された。パワーショベルの歯がドラム缶に突き刺さると、中から黒い液体が噴出して土に染み込み、あたり一帯は激しい刺激臭に包み込まれた。

中身はイペリット（マスタードガス）だったが、工事に当たった人たちはその事実を知らなかった。

噴出した液体を浴びた建設作業員、ドラム缶解体のために中の液体をひしゃくで汲みだした廃品回収業の人、整地作業用にチチハル市内のあちこちに運ばれた汚染土で遊んだ子どもたち、整地作業をした人々が大きな被害を受けた。被害者は、確認されただけでも、子どもを含む四四人（うち一名が死亡）に及んだ。

この事件は中国でも大きく報道されて、インターネット上では日本政府に対する謝罪と補償を求める百万人署名が集められた。

まもなく弁護団が結成され、二〇〇七年一月、東京地方裁判所へ「旧日本軍の遺棄毒ガス損害賠償」を求める訴訟が起こった。被害者が多数に及ぶため、多くの弁護士と医療関係者たちの支援と協力があったという。

しかし、チチハル事件も、戦後補償の「壁」を崩すことができず、敗訴となった。

旧日本軍が遺棄した化学兵器による被害者は、裁判に訴えた方の他にも多数おられる。健康被害により働くことが不可能になり、経済的に困窮、家庭崩壊にまで追い込まれた方も少なくないことを忘れてはならない。

また、成長盛りの子どもの被害者は、毒ガスによる神経被害のために勉学がそれまでのようにできなくなり、希望していた進学も不可能になったりと、その未来を奪った罪は重い。

冒頭で紹介した二〇〇四年の吉林省で川遊びをしていた少年たちが被害に遭った事件の、その後を紹介したい。

二人の少年は、被毒部に大きな水疱ができて、二か月余り入院。入院中は壮絶な治療に耐えたが、退院後も身体の調子が悪く、心配した父親が、日本から来た弁護士に相談した。

周君たち少年が遊んでいた川の付近は、何年かけても掘り出せないほどの日本軍が遺棄した化学兵器が埋まっていることが金属探知機によってわかった。

この事件は「敦化事件」として、二〇〇八年に東京地方裁判所に提訴されている。

一九九二年の時点で、事件現場の花泡村は中国政府から「初歩的調査を行った埋没可能性のある地域」という報告書類を受け取っていた。また、その前年に日本政府の調査団が現地に行った際には、隣村の住民からの被害も聞いていたという。

しかし、裁判において日本政府側は「花泡村から正式の要請がなかった」と主張、責任を忌避したのである。また、政府側の証言者である元外務官僚は、「埋まっている毒ガスは安全である」と証言した。

二〇一二年四月六日の判決は、

「日本政府が情報を収集したとしても、事故現場を特定し、危険性を認識することはできなかった」

として、原告の訴えを棄却している。

日本の弁護団は、「裁判は終わっても、事件は解決していない」という思いは大きく、この裁判に関わった南典男弁護士らは、被害者の医療支援のための民間支援基金、「化学兵器ＣＡＲＥみらい基金」を設立した。

以降、二〇〇六年三月に行われた第一回日中合同ハルピン健診（黒竜江省第二病院で実施）を皮切りに、二年に一回のペースで中国で検診が行なわれた。中国の病院へ支払う検査費はCAREみらい基金が負担し、多くの医療従事者が参加支援した。

しかし本来なら、中国への遺棄化学兵器の責任は、日本政府が取らなければならないだろう。私にできることは、日本が、戦時中における旧日本軍の化学兵器の製造・使用と、その遺棄についての責任を取ろうとしない事実を、多くの人たちに活字で知らせることだと考える。

〒160-0022
東京都新宿区新宿一―六―五　シガラキビル9階
特定非営利活動法人　化学兵器被害者支援日中未来平和基金

日本国内でも

相模海軍工廠があった神奈川県寒川町や、化学兵器の実験が行われた平塚市（実験場）において、土中に埋められていた化学兵器が掘り出されたことはすでに紹介した。また、広島県の大久野島では敗戦後に瀬戸内海や高知湾沖に大量の化学兵器が投げ捨てられたことも記した。

国内の他の場所でも化学兵器遺棄による被害事例があることを、『ぼくは毒ガスの村で生まれた。』（合同出版）から紹介したい。

茨城県神栖町（現在の神栖市）では、二〇〇〇年頃から神栖町の住人のうちで「手足のしびれやふるえ」を訴えて病院に通う人が出た。そこで二〇〇三年頃、病院の医者が、患者たちが使っていた井戸水の分析を保健所に依頼したところ、井戸水から高濃度のヒ素が検出された。

検出されたヒ素は、自然界に存在しないジフェニルアルシン酸というもので、戦時中に日本軍が毒ガスの原料として使っていたものだった。
二〇〇五年一月、環境省が井戸の周辺を掘り起こしたところ、高濃度のジフェニルアルシン酸を含んだコンクリートの塊が出て来た。まだ新しいコンクリートの塊だったことから、戦争が終わって間もない頃に、国からの払い下げを受けた何者かが、毒ガスの原料の処置に困って、コンクリートに固めて不法投棄したものと推測された。

敗戦時、国内に保管されていた化学兵器がどのように処置されたのか、その全貌は未だ解明されていない。

青森県大湊には、大湊警備府という海軍の地方部隊があった。当時二〇〇〇発から三〇〇〇発の毒ガスが保管されていたと思われるが、それらは敗戦後わずか二、三日で、青森県の陸奥湾に投棄されたといわれている。

また、千葉県の習志野学校にあった六トンの毒ガスは、さらし粉で中和したうえで地中に埋められ、青酸ガスが入ったボンベの中身は夜中にこっそり空中にまき散らされた。

各地で実際に毒ガス処理に関わった人たちの証言によると、毒ガスは砲弾のままか、あるいは容器に入れられたままで処理されている。敗戦から七〇年以上経った現在では、容器や砲弾の金属腐食が進み、海中や土中に沁み出ている可能性もある。

『相模海軍工廠——追想』の中の「最後の化学兵器始末記」を紹介する。筆者は相模海軍工廠のKさんである。

Kさんは、敗戦から五年経った頃、相模海軍工廠の同期で、中国塗料会社に勤めていたNさんから、産業復興財団が管理している軍の廃材の中に、毒ガスのイペリットが入った容器が発見されたので処理して欲しいと依頼された。陸軍のものではないかということだった。

当時、軍の廃材は産業復興財団が管理していて、直接の保安管理は警察が担当していた。

Kさんは、Nさんの依頼を受けて、蔵前にあった廃材置き場の四、五〇本の容器を見に行った。容器の表面には陸軍技術研究所の文字があった。

係の警察官から、ある容疑者が捕まって留置したところ、その男の手や顔にイペリットに触れた症状が発見され、大騒ぎになったのだと聞かされた。警察としては、イペリット発見の事実を、進駐軍（占領軍）に知られないうちに隠蔽する必要があるとのことだった。

論議の結果、東京湾の夢の島へ廃棄しようということになった。

数人の労務者が約五〇本のイペリットの缶を、恐る恐る筏《いかだ》に乗せて、夢の島に運んだ。イペリットを中和するために高濃度の晒し粉を入手したが、毒ガスの恐ろしさをまったく知らない作業員ばかりで、防毒に役立つものは何もなかった。

イペリットを処理するため、地面を五、六〇センチ掘ってイペリットを流し込み、土をかぶせて混ぜ合わせ、その上に晒し粉を撒いた。イペリットは激しく反応し、炎を上げて燃え盛った。これでひとまず除毒作業は終わった。その後、イペリットが入っていた容器はいつの間にか紛失していたということだった。


『追跡・沖縄の枯れ葉剤』によれば、ベトナム戦争で使用された枯葉剤（ダイオキシン）は、すでに沖縄の海や土中にドラム缶から漏れ出てきているとのことであった。日本軍が敗戦時に海中や川、土中に埋めた毒ガスの現状はどうなっているのだろうか。

環境省は、二〇〇三年一二月、省内に毒ガス等に関する情報を一元的に扱う毒ガス情報センター」を設置、情報を受け付けるとともに、毒ガス事故の未然防止について周知

旧軍毒ガス弾等の廃棄・遺棄状況

▲＝廃棄・遺棄場所

●＝保有元の場所（廃棄場所不明）

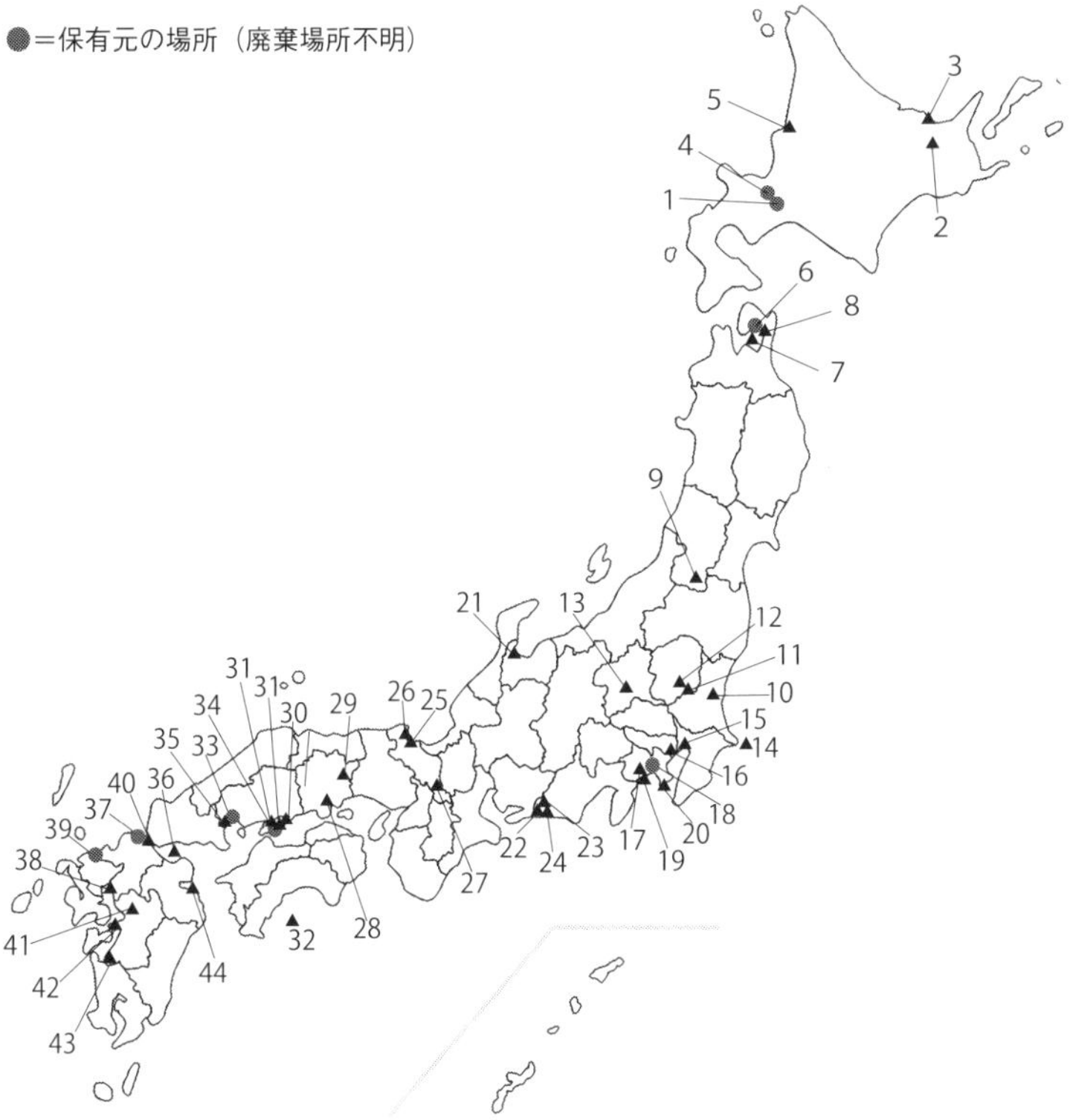

ジフェニルシアノアルシン	クロロアセトフェノン	砲・爆弾	廃棄（米軍・豪軍）	遺棄（旧軍、民間）
			米軍監督下に海中投棄(投棄場所記載無し)	
		ガス弾60発		投棄（屈斜路湖）
		ガス弾100発	一部米軍引渡し	大半を網走沖投棄
				地中に埋設（埋設場所記載無し）
	貨車7両分催涙弾（くしゃみ剤との情報も有り）			小樽留萌沖に投棄を試みた後、留萌峠下に埋設
		ガス弾2000発（3000発保有のうち、1000発は北海道へ移動）		米軍到着前に海中投棄
		60～100個の毒ガス弾等		米軍到着前に海中投棄
		ドラム缶（中身不明）100～200本程度		埋設
若干				米沢郊外で焼却
				錬兵場で焼却
				埋設
		93式持久ガス現示筒（くしゃみ剤ジフェニルシアンアルシン）184本	コンクリート被覆で密封後、5月9日に海中投棄	
		毒ガス弾弾薬箱30箱程度		処分方法不明
			「固形ガス弾」は君ヶ浜で焼却、1945年10（11）月～1946年5月まで鉄製樽型容器1,350個分を銚子沖に投棄(水深100～200m)	
				中和後敷地内埋設。一部海中投棄
				焼却処分（あるいは米軍引渡し）
				保有量の内若干を海浜に投棄
				投棄場所記載なし
				相模湾投棄分として記載
				海中投棄（相模湾：真鶴沖と初島の間）
				海中投棄（相模湾：烏帽子岩（茅ヶ崎沖）と花水川の中心線）
				山中に埋設

表　旧軍毒ガス弾等の廃棄・遺棄状況

地図記載番号	保有部隊等	廃棄先	年月日	イペリット	ルイサイト	青酸
1	海軍航空廠千歳工場	投棄場所記載なし	昭和21年8月頃	3.689ton		
2		屈斜路湖	昭和20年夏			
3	第41海軍航空廠美幌分廠	網走沖	昭和20年夏			
4	北海道陸軍兵器補給廠厚別弾薬庫	埋設場所記載なし	昭和20年9月15日	ドラム缶1		
5	北海道陸軍兵器補給廠厚別弾薬庫	留萌市内の廃坑	昭和20年9月15日			
6	大湊警備府	投棄場所記載なし	昭和20年8月			
7	海軍（大湊警備府）	陸奥湾	昭和20年8月24日・25日頃の2日間			
8	記載無し	大曲地区	終戦時			
9	山形県米沢市第六陸軍技術研究所米沢分室	米沢市	終戦時	若干		
10	東部37部隊	東部37部隊錬兵場内	昭和20年8月	少量		
11	記載無し	教育施設	昭和20年8月	500～1,500g		
12	記載無し	栃木県宇都宮市戸祭町（洞窟内）	昭和55年3月3日～同13日			
13	予備士官学校のガス庫	相馬原	昭和20年8月末			
14	長野、福島、静岡などから	銚子沖等（銚子沖、犬吠崎、鹿島沖、利根川河口）	昭和20年10（11）月～昭和21年5月	450ton		
15	習志野学校	習志野市、船橋市	終戦時	イペリット缶量不明	6ton	若干
16	第六陸軍技術研究所	新宿区	終戦時	100ｋｇ		
17	陸軍技術研究所吉積出張所	吉浜	終戦時	若干	若干	
18	第1海軍航空廠（厚木）	投棄場所記載なし	昭和21年8月頃	イペリット型薬缶8,852個（内容量計150,484kg）		
19	不明	相模湾	昭和20年8月	2ton		
	陸軍第六技術研究所	相模湾	終戦時	イペリット7～8本		
	海軍工廠（平塚）	相模湾	昭和20年頃	不明（大量）		
20	「特別陸戦隊（化兵隊）」横須賀	横須賀市衣笠山	昭和20年8月20日頃	小型ドラム缶4～5本		

				焼却
				湖に投棄
				山中に埋設
				湖に投棄
		60kg ｲﾍﾟﾘｯﾄ爆弾約 5000 発		投棄場所記載なし
		トラック 10 台分のあか弾・みどり弾		海中投棄（舞鶴沖）
				埋設
		中あか筒　124 個 発射あか筒 110 個 九四式あか筒 60 個		投棄場所記載なし
		小あか筒 100 個 中あか筒 79 個 発射あか筒 30 個		投棄場所記載なし
		中あか筒　4 個 小あか筒　4 個 発射あか筒 41 個		投棄場所記載なし
				山中に投棄
				海中投棄
		クシャミ剤 大 65,933 個 中 123,990 個 小 44,650 個 発射筒 421,980 個	島内防空壕に埋設。海水・さらし粉注入	
	催涙棒 2,820 箱 催涙筒 1,980 箱		焼却	
ジフェニルシアンアルシン 1,390ton			島内に埋設	
			除毒・焼却後、海中投棄	
	10ton		海中投棄	
990ton/9,901 缶	催涙剤 7ton/131 缶	60kg ガス弾　13,272 個 10kg ガス弾　3,036 個	海中投棄	
			海中投棄	
				焼却
		あか筒 4 個入り木枠 × 50 ～ 60 箱		退避壕数ヵ所に埋設
		あか筒約２０個×５ヵ所ぐらい	砂浜に埋設	
		毒ガスである可能性が高い・通常より一回り小さなドラム缶四、五十本	海中投棄	

21	六陸軍技術研究所高岡出張所	高岡市	昭和 20 年 8 月	0.8ton		
22	三方原陸軍教導飛行団（比佐郡）	浜名湖	昭和 20 年 8 月 17, 18 日	16ton	2ton	
23	第三陸軍航空技術研究所三方原出張所	引佐郡（中川村）	昭和 20 年	ドラム缶 1 本（不確実）		
24	三方原教導飛行団	佐鳴湖	不明	黄剤 ﾄﾞﾗﾑ缶 10 本程度		
25	第 31 海軍航空廠（舞鶴）	第 31 海軍航空廠（舞鶴）	昭和 20 年 8 月			
26	大阪兵器補給廠祝園	舞鶴沖	昭和 20 年 8 月			
27	第 16 師団兵器部	教育施設	昭和 20 年 8 月 12 日 ,13 日	少量		
28	広島陸軍兵器補給廠（三軒屋部隊）	海没のため搬出	昭和 20 年 11 月 18 日～ 11 月 24 日			
	同上	海没のため搬出	昭和 20 年 11 月 25 日～ 12 月 1 日			
	広島陸軍兵器補給廠岡山分廠	海没				
29	津山陸軍予備士官学校	岡山県勝間田の山中	終戦時	イペリット及びルイサイト各 1 本（量は半分程度）		
30	東京第二陸軍造兵廠忠海兵器製造所	大久野島周辺海域	終戦時	ボンベ類 数量、量不明		
31	東京第二陸軍造兵廠忠海兵器製造所	大久野島（竹原市）	昭和 21 年 5 月～ 9 月 18 日			
	同上	同上		56ton		
31	東京第二陸軍造兵廠忠海兵器製造所	大久野島（竹原市）	昭和 21 年 9 月～昭和 22 年 5 月			
	同上	同上	昭和 21 年 11 月～昭和 22 年 5 月	19ton	40ton	10ton
	同上	投棄場所記載なし	昭和 21 年 11 月～昭和 22 年 5 月			
32	東京第二陸軍造兵廠忠海兵器製造所	土佐沖		海中投棄 (土佐沖) 毒液 1,854ton 毒液缶 930ton/7,447 缶		
33	広島県江田島第 11 海軍航空廠	投棄場所記載なし	昭和 21 年 8 月頃	イペリット型薬缶 11,344 個（内容量計 192,849kg）		
34	広島陸軍兵器補給廠忠海分廠阿波島出張所	阿波島	昭和 20 年 8 月または昭和 20 年 10 月			チビ（シアン）
	広島陸軍兵器補給廠忠海分廠阿波島出張所	同上	昭和 20 年 8 月または昭和 20 年 10 月			
	記載無し	同上	昭和 21 年 1 月または昭和 21 年 2 月			
35	不明	宮島沖	昭和 22 年か 23 年			

		イペリット・ルイサイト弾の弾薬箱約５万箱。計 100,000 発イペリット、ルイサイト、くしゃみガスが７，８割、残りがホスゲン、青酸（数量は数万〜十万発としているが不明確である）	海中投棄	
		50kg 投下「瓦斯弾」1403 発、15kg投下あか弾 3258 発		海中投棄（投棄場所記載無し）
		投下きい弾 955 発、投下あを弾 448 発、投下あか弾 3,000 発 計 4,403 発		海中投棄（投棄場所記載無し）
		トラック３台分		投棄（筑後川河口）
				海中投棄（投棄海域についての記録はない）
		ガス弾：50 キロ爆弾軽迫撃弾、野山砲弾		海中投棄（小倉北区藍島付近、苅田港沖、門司区東部の沖合）
		イペリット毒ｶﾞｽ300 リットル(ドラム缶２本)		井戸に投棄
				海中投棄（三角港沖）
		演習用催涙弾、くしゃみ弾		海中投棄（水俣沖）
		ガス弾 4,000 発		海中投棄（別府湾）
				海中投棄（別府湾豊後水道）
		六番一号陸用爆弾 3,811 個	海中投棄（大分港沖と日出港の中間）	
			海中投棄（投棄場所不明）	

36	大嶺	周防灘（宇部沖）	昭和 20 年 12 月			
37	東京第二陸軍造兵廠曾根兵器製造所	投棄場所記載なし	終戦時			
	同上	同上	終戦時			
38	第 1 陸軍予備士官学校	筑後川	昭和 20 年 8 月 22 日頃			
39	小富士村第 21 海軍航空廠	投棄場所記載無し	1946 年 8 月頃	イペリット型薬缶 7 個（内容量計 119kg）		
40	東京第二陸軍造兵廠曾根兵器製造所	苅田港	昭和 20 年 8 月 20 日前後の 3 日間			
41	西部軍教育隊	西合志町	終戦時	イペリット毒ガス 300 リットル（ドラム缶 2 本）		
42	不明	宇土郡三角町	終戦時	イペリットとルイサイト		
43	西部軍 8088 部隊 高射機関砲部隊	水俣市	終戦時			
44	第十二海軍航空廠（大分）	別府湾	昭和 20 年 8 月			
	同上	同上	1945 年 10 月末	イペリット鉄ガメ 1,800 個（90,000kg）		
	同上	同上	昭和 20 年 11 月 25 日～ 12 月 4 日			
	同上	同上	1946 年 8 月頃海中投棄（投棄海域についての記録はない）	イペリット型薬　缶 2,351 個（内容量計 39,967kg）		

を図っていきたいと、環境白書などで呼びかけている。同ページ内では、一九七三年に行った「旧軍毒ガス弾等の全国調査」のフォローアップ調査報告書（二〇〇三年）が公開されている。毒ガスを保有していたものの廃棄場所が不明の施設が少なくとも8か所あるほか、処分方法や保有元が不明である箇所も多い。

（環境省ホームページ：http://www.env.go.jp/chemi/report/h15-02/index.html）

戦後発見された毒ガス兵器等は、具体的にどのような被害を及ぼしているのか。同報告書から、「毒ガス弾等の発見・被災等の処理状況」の一部を紹介する。

ここに挙げたのはほんの一部であり、同ホームページには全部で八二二件が報告されている。子どもを含む多数の被害者が出ていることは、多くの日本人に知られていない事実ではないだろうか。

私が住む横浜市栄区にも、戦時中は第一海軍燃料廠があった。敗戦と同時に、化学薬品等が近くを流れる出立川に投棄された結果、敗戦直後に一二歳だった少年が川遊びで被災して亡くなっている。

「毒ガス弾等の発見・被災等の処理状況」の一部

青森県 陸奥湾	昭和38年 8月31日 （8月28～31日）	イペリット弾：遊泳中に発見した毒ガスを切断しようとして被災。死亡1名。負傷1名。弾はリンゴ箱の中にコンクリートを詰めて、その中に埋めて処理した。
千葉県 銚子沖	昭和29年 6月29日	60キログラムイペリット弾2発：爆発物件引揚者が作業中に60キログラム2発を引き上げて作業員6名が被災。千葉県銚子沖等では、これ以外に600件以上の事故が起きている。
神奈川県 寒川町	平成14年 9月25日 ～27日	ビール瓶11本：マスタード9本、ルイサイト1本、クロロアセトフェノン1本、また土壌調査で、マスタード、ルイサイト、クロロアセトフェノンの関連化合物（アセトフェノン）、ジフェニクロアルシンを確認。さがみ縦貫道の橋脚工事でビン数十本出土し、ビンが倒れ異臭が生じ、数日後、発疹かぶれ、炎症などびらん症状を発症した。被災者1名。 寒川町では、その他3例が紹介されている。
福井県内	昭和38年 3月16日	イペリット弾1発：3人負傷。
静岡県 浜松市	昭和51年 7月30日	イペリットドラム缶：ガス管工事中、地下から1メートルから直径50センチ、高さ80センチのドラム缶を掘り出し、漏れ出したイペリットで作業員2名と住民6人（うち子ども2名）が被害を受けた。現場は、陸軍中野学校の分校と、飛行教育隊の跡地。直径50センチと高さ80センチのイペリット缶をドラム缶にコンクリート詰めにして海中投棄。
大阪府 河内長野市	昭和20年 9月頃	イペリットとルイサイト：輜重隊が池に缶を投棄。開封し魚を捕獲していた大人、1人死亡。子ども2～3人負傷。
広島県 大久野島 周辺海域	昭和33年 5月29日	青酸ガスボンベ（約20ｋｇ）1本：漁業者が、大久野島付近の海域で網にかかったボンベを廃品業に売り、同作業所で解体作業中、ガスが漏れた。被災状況は、死亡1人、中傷9人、軽傷18人。ボンベは、民間業者が処理。
徳島県 小松島沖	昭和25年 7月10日 と13日	イペリット缶：小松島港沖で、漁船がイペリット缶を引っかける事件が3件発生し、11人が中毒者。
大分県 別府湾 周辺	昭和30年 6月15日 ～ 昭和31年 12月6日	イペリット弾360発、ガス弾の疑いあるもの137発：別府湾を掃海した。イペリットによる負傷者約32名。

加害者の側面も

東京新聞（二〇一九年八月一〇日付）の一面に「毒ガス製造　加害の悔恨――人の面をかぶった鬼になってしまった」という記事が大きな見出しで掲載された。

高等小学校卒業前に、担任の教師から「お金をもらいながら勉強ができるから」と言われて大久野島で毒ガスを作っていたという、藤本安馬氏（九三歳）の証言が紹介された。

彼は「毒ガスをつくれば、戦争に勝ち、英雄になる」と信じ、島に渡って二年後には毒ガスのルイサイトの担当者に選ばれ、正式な工員になった。ルイサイトもイペリット同様、浴びれば皮膚がただれ、死に至ることもある。重症を負った仲間もいた。自分の作った毒ガスが中国に運ばれて人を殺傷することに、当時は罪の意識はなかった。しかし戦後、中国では遺棄された毒ガスによって死傷し、悲惨な生活を送らねばならない人たちが大勢いることを知って、自分たちは毒ガス製造による被害者であると同時に、加害者であることを知ったという。

中国新聞（二〇〇四年九月一五日付）「毒ガスのつめ跡爆発物、謝罪の旅」によると、その後、藤本氏らは市民団体、毒ガス島歴史研究所を立ち上げた。二〇〇四年八月にはそのメンバー一一人で、日中戦争の際に旧日本軍が毒ガスを使用した中国・河北省や、戦争のつめ跡が残る南京・北京両市を訪れたという。

日本軍による毒ガス使用で一〇〇〇人以上が亡くなったとされる北但村では、村の南端にある霊園を訪れて追悼式を行った。

この村の生存者の一人、当時一四歳だった李さんは、当時のことをこう振り返る。

「一九四三年の五月二七日の早朝に、日本軍に襲われた。私は家族と一緒に地下道に逃げ込んだ。日本軍は縦横に伸びる地下道の入口から毒ガスが注入されて、妹一人と弟二人が死んだ。遺体は皆、折り重なっていた」

藤本安馬氏がこの追悼の旅に参加しようと思ったのは、

「自分たちが国際法では禁止されていた毒ガスを作って、どのように中国で使われていたのかを知りたいから」

「毒ガスで死傷した人たちに謝罪したいから」

だという。

藤本氏らは、南京では侵略日軍南京大虐殺遭難同胞記念館を見学して、被害者の遺族の証言を聞き、記念館前での追悼式にも参加した。日本軍が中国で使用した毒ガスについてや、前年の二〇〇三年に起こったチチハル市での工事現場で起こった毒ガス事故についても話を聞き、あらためて自分たちの罪を自覚したという。

戦前の日本が国際条約に違反して毒ガスを製造・使用していた事実を知るとともに、敗戦後七〇年以上経った現在でも、中国では遺棄された化学兵器によって多くの人たちが死傷されている事実も重く受け止めたい。「戦争はまだ終わっていない」ことを思い知らされた。

あとがき　私のウサギを返して！

晩秋の二〇一九年一一月末、私は東北新幹線に乗って郡山駅に降り立った。やはり東北、ひんやりとした空気が頬を包んだ。

郡山市は、人口約三三万人。福島県では、いわき市に次いでの中核都市である。

駅前のコンコースには、行く先の違うバスが円形に並んでいる。

私の目的は、麓山公園にあるウサギの慰霊碑、養兎慰霊碑である。

知らない街に出かけると、目的地が近場であってもまずはタクシーに乗り、運転手からその街のことを聞くようにしている。郡山でも運転手に話しかけた。

「ずいぶん、駅前が広くて、新しいですね」

「そうですね。この前の地震（東日本大震災）で、ビルを建て直したところもあるから」

郡山市中央図書館で『郡山戦災史』（郡山戦災を記録する会編）を読むと、郡山駅前はアジア太平洋戦争時、一九四五年七月二九日と八月九、一〇日に空襲を受けていることがわかった。四月一二日の大空襲では、市の中心街で一〇〇名以上の死者を出している。

これまでの取材での経験上、駅前のコンコースが広く、道路幅が広い街は、戦災に遭った地域が多い。

郡山市は、おそらく日本で唯一ウサギの慰霊碑が建立されている街だろう。

私がこのウサギの慰霊碑を知ったのは、大久野島への取材中に広島県立図書館で見つけた『日本の戦争と動物たち――戦争に利用された動物たち』という本においてだった。この本の目次の前ページ、「戦争を知るために」という見出しの下に、ウサギを供養するために建てられた、福島県郡山市の養兎慰霊碑の写真があった。説明文として、この碑が建てられたいきさつが書かれている。

この碑が建てられたのは、一九三八年四月。一九三七年から始まった日中戦争で、ロシア（当時ソ連）国境近くの満州国において、日本軍兵士のために多くのウサギが毛皮

麓山公園の養兎慰霊碑

や肉になったので、その慰霊のために建てられたということである。

養兎慰霊碑がある麓山公園には、あっという間に着いた。

松林に囲まれ、池もある大きな公園の小高い場所に、ウサギの慰霊碑はあった。ようやく見ることのできた二メートル近い立派な慰霊碑を、思わず写真に収めた。

慰霊碑の裏面には文字が書かれているが、古くなっていてはっきり読めない。養兎慰霊碑の文字を書いたのは、当時の農林大臣、伯爵有馬頼寧だという。

その後、郡山市中央図書館の資料室で、ウサギについて書かれた資料を紹介された。『福島県農業史』（福島県農業史編さん委員会編著）である。第五章「うさぎ」には、福島のウサギの歴史について書かれていた。

古来、日本にいた家兎は、「アナウサギ」と呼ばれたもので、現在のような「日本白種ウサギ」は、明治時代になって中国や欧米から輸入された種類を交配してつくられたウサギなのだという。

福島県郡山市はもともと、農業を営む傍ら、ウサギを飼育していた地域であるという。だからこの地に、農林大臣の書と共にこのような慰霊碑があるのだろう。

本書で追ってきた通り、ウサギはアジア太平洋戦争が始まった一九四一年には、陸軍がすべて買い入れるようになった。そして「毛皮は防寒着に、肉は食糧に」使用されただけでなく、化学兵器の実験動物としても使われた。敗戦後には、食料不足から食用としても飼われた。

その後一九六五年以降、貿易自由化により食用としてのウサギの生産は激減。しかし医学、薬学、生物学の実験動物としては現在も使われている。

「セッコのウサギ」は、戦時中から現在にいたるまで実験動物として使われ続けてきたのである。「セッコのウサギ」を返して！　と言いたい。

このウサギと化学兵器の旅は、人体実験の歴史にも及んだ。

多くの医師や研究者たちが、旧満州を中心に三〇〇〇人ともいわれる中国人やロシア人などの捕虜たちを使った人体実験や生体実験を繰り返した過去は、知れば知るほど、日本の歴史の一部として多くの人が知るべきであるという気持ちを強く持った。

優秀な医師や研究者が、平時であれば犯罪的行為である人体実験や生体実験になぜ手を染めたのか。毒ガス研究者の常石敬一氏は、『七三一部隊――生物兵器犯罪の真実』（講談社）の中で、「お国のため」という言葉の内実を次のように述べている。

1、手術の練習
2、未知の病気の病原体発見のための感染実験
3、病原体の感染力増強
4、新しい治療法開発のため実験
5、ワクチンや薬品の開発のための実験

何かが狂ってしまっていたことは間違いない。
加えて敗戦後にも、多くの七三一部隊の元医師や研究者たちが、人体実験や生体実験の研究資料をアメリカに差し出すことで、東京裁判にかけられることなく、有名大学や企業に迎えられて、社会的地位を手にしていることも見逃せない。

一方、旧日本軍によって遺棄された化学兵器は、現在も多くの中国の人々のふつうの生活を奪い続けている。中国への遺棄化学兵器問題には、一日も早い撤去と、被害者への謝罪、医療費などの補償が求められる。日本国内においても同様の被害が続いていることとあわせて、多くの人たちに知って欲しい。

また、紛争等での化学兵器による被害報告も後を絶たない。
朝鮮戦争やベトナム戦争は有名だが、イラク戦争も記憶に新しい。一九八三年には、トルコやシリアなどの山岳地帯で暮らす「国を持たない最大の民族」といわれるクルド人に対して、サダム・フセイン政権（当時）が、五〇〇〇人ものクルド人を殺戮する化学兵器を使用した。

近年のシリア内戦においても化学兵器の使用がなされたのではないかと、国際的な批判の声が高まっている。

「セッコのウサギ」を奪われたあの日から、戦争は終わっていないのだ。


この『ウサギと化学兵器』執筆にあたり、化学兵器について全くのド素人の私に、多くの人たちから助言を受けたことに、感謝の言葉しかない。

特に、中国での日本軍の遺棄した毒ガスの裁判に関わっておられる南典男弁護士の監修には、心より感謝の言葉を贈りたい。

また、大久野島への取材については、毒ガス島歴史研究所の事務局長の山内正之氏に何度も電話をして、多くのことを教えていただいた。

毒ガスや七三一部隊などに詳しい五井真治さんをはじめ、多くの方たちに付き合っていただいたことにも感謝の言葉を贈りたい。

原稿を書くにあたって、島田佳幸さんにも大変世話になった。

最後に、この著が出版できたのも、花伝社の平田勝社長、編集者の大澤茉実さんのお力があってのことと御礼申し上げる。

二〇二〇年　春

いのうえせつこ

参考文献

『『悪魔の飽食』ノート』（晩聲社）森村誠一、一九八二年
『悪魔の飽食――日本細菌戦部隊の恐怖の実像！』（角川書店）森村誠一、一九八三年
「遺棄毒ガス第一次訴訟判決全文」毒ガスの過去・現在・未来を考え、旧日本軍の被害者をサポートする会、二〇〇三年
「夫を、父を、同胞をかえせ！――「満州第731部隊」に消されたひとびと」軍医学校跡地で発見された人骨問題を究明する会編、一九九三年
『ガイドブック平塚の戦争遺跡』（平塚博物館）平塚博物館編、二〇〇一年
『旧相模海軍工廠：ガス障害者証言集』（神奈川県衛生部保健予防課）旧相模海軍工廠毒ガス障碍者の会編、二〇〇一年
『高校生が追う陸軍登戸研究所』（教育史料出版会）赤穂高校平和ゼミナールほか、一九九一年
「郡山戦災史」郡山戦災を記録する会編、一九七三年
『寒川町史研究（第六号）特集・相模海軍工廠』（寒川文書館）寒川町史編集委員会、一九九三年
『寒川町史研究（第八号）特集・相模海軍工廠Ⅱ』（寒川文書館）寒川町史編集委員会、一九九五年

『寒川町史研究（第一〇号）特集・相模海軍工廠Ⅲ』（寒川文書館）寒川町史編集委員会、一九九七年

『相模海軍工廠――追想』「相模海軍工廠」刊行会、一九八四年

『市民が探る平塚空襲――65年目の検証』（平塚博物館）平塚博物館編、二〇一〇年

『小説帝銀事件』（角川書店）松本清張、一九六一年

『女子挺身隊の記録』（新評論）いのうえせつこ、一九九八年

『世界』（岩波書店）２０１９年8月号

『戦争と医の倫理：日本の医学者・医師の「15年戦争」への加担と責任：パネル集』（三恵社）「戦争と医の論理」の検証を進める会編、二〇一二年

『戦場の疫学』（海鳴社）常石敬一、二〇〇五年

『謀略戦――ドキュメント陸軍登戸研究所』（時事通信社）斎藤充功、一九八七年

『追跡・沖縄の枯れ葉剤』（高文研）ジョン・ミッチェル（阿部小涼訳）、二〇一五年

『追跡　日米地位協定と基地公害――「太平洋のゴミ捨て場」と呼ばれて』（岩波書店）ジョン・ミッチェル（阿部小涼訳）、二〇一八年

『地図から消された島――大久野島毒ガス工場』（ドメス出版）武田英子、一九八七年

『動物と戦争：真の非暴力へ、《軍事―動物産業》複合体に立ち向かう』（新評論）Colin Salter ほか（アントニー・J・ノチェッラ、二世ほか編、井上太一訳）、二〇一五年

「毒ガス島歴史研究所会郡山報第（二〇号）」毒ガス島歴史研究所

『731部隊と戦後日本——隠蔽と覚醒の情報戦』(花伝社)加藤哲郎、二〇一八年
『七三一部隊——生物兵器犯罪の真実』(講談社)常石敬一、一九九五年
『日本軍毒ガス作戦の村——中国河北省・北坦村で起こったこと』(高文研)石川英彰、二〇〇三年
『日本の恐怖・毒ガス』(番町書房)落合英秋、一九七三年
『日本の黒い霧(上)・(下)』(文春文庫)松本清張、二〇〇四年
『日本の戦争と動物たち2 戦争に利用された動物たち』(汐文社)東海林次男、二〇一八年
『一人ひとりの大久野島——毒ガス工場からの証言』(ドメス出版)行武正刀、二〇一二年
『平塚の石仏改訂版(全一〇巻)』(平塚博物館)平塚博物館編、一九九八年~
「福島県農業史」(福島県)福島県農業史編纂委員会編、一九八三~一九八七年
「ふくしま散歩——郡山版」山崎義人編、一九九〇年
『ぼくは毒ガスの村で生まれた。——あなたが戦争の落とし物に出あったら』(合同出版)化学兵器CAREみらい基金(吉見義明監修)、二〇一一年
『炎と涙の底から——鎮魂と再生のハーモニー』(かもがわ出版)森村誠一ほか編、一九九九年
『陸軍登戸研究所の真実』(芙蓉書房出版)伴繁雄、二〇一〇年
『私の街から戦争が見えた——謀略秘密基地・登戸研究所の謎を追う』(教育史料出版会)川崎市中原平和教育学級編、一九八九年

いのうえせつこ
本名井上節子。1939年岐阜県大垣市生まれ。横浜市在住。県立大垣北高校・京都府立大学卒。子ども、女性、平和などの市民運動を経て女性の視点で取材・執筆・講演活動。フリーライター。一般社団法人審査センター諮問委員。一般社団法人AV人権倫理機構監事。NPO法人精舎こどもファンド代表。NPO法人あんしんネット代表。
著書として、『地震は貧困に襲いかかる――「阪神・淡路大震災」死者6437人の叫び』（花伝社）、『女たちの辞世の句――色此岸から夢彼岸へ』（環境デザイン研究所）、『女子挺身隊の記録』『占領軍慰安所――敗戦秘史 国家による売春施設』『子ども虐待――悲劇の連鎖を断つために』『女性への暴力――妻や恋人への暴力は犯罪』『高齢者虐待』『多発する少女買春――子どもを買う男たち』『AV産業――一兆円市場のメカニズム』『買春する男たち』『新興宗教ブームと女性』『帰ってきた日章旗――ある二等兵の足跡・太平洋戦争再考』（新評論）、『主婦を魅する新宗教』『結婚が変わる』（谷沢書房）、『海と緑の女たち――三宅島と逗子』（社会評論社）、『78歳　ひとりから』（私家版）。ほか共著多数。

［監修］南 典男（みなみ・のりお）
1991年弁護士登録。（第二東京弁護士会）
1995年から中国人戦争被害賠償請求事件にとりくむ。現在同事件弁護団幹事長。
特定非営利活動法人化学兵器被害者支援日中未来平和基金理事（事務局長）。
2020年3月27日から認定NPO法人。
日本民主法律家協会副理事長。

ウサギと化学兵器――日本の毒ガス兵器開発と戦後

2020年5月20日　初版第1刷発行

著者 ――いのうえせつこ
発行者 ――平田　勝
発行 ――花伝社
発売 ――共栄書房
〒101-0065　東京都千代田区西神田2-5-11出版輸送ビル2F
電話　03-3263-3813
FAX　03-3239-8272
E-mail　info@kadensha.net
URL　http://www.kadensha.net
振替 ――00140-6-59661
装幀 ――佐々木正見
印刷・製本― 中央精版印刷株式会社

ISBN978-4-7634-0925-6 C0036